NOUVEAU SPECTACLE

DE LA NATURE

OU

DIEU ET SES OEUVRES

IMPRIMERIE DE H. FOURNIER ET Cᵉ,
RUE DE SEINE, 14.

Nouveau Spectacle

DE LA NATURE

OU

DIEU ET SES OEUVRES

PAR MM.

VICTOR ET AMBROISE RENDU

REPTILES ET POISSONS

PARIS

PITOIS-LEVRAULT ET Cie, LIBRAIRES

RUE DE LA HARPE, 81

—

1840

PREMIÈRE PARTIE.

REPTILES.

CHAPITRE PRÉLIMINAIRE.

L'histoire naturelle n'aime pas les préjugés injurieux à la Providence qui sembleraient vouloir frapper de réprobation des classes entières d'êtres vivants, comme si le Créateur les avait placés en ce monde sans destination et sans but ; l'homme qui, faute de raisonner ses expressions, s'abandonne à des sentiments de haine et de dégoût, la plupart du temps dénués de fondement, se prive de grandes jouissances, car il tire volontairement le rideau sur des merveilles ; et son dédain est très présomptueux, s'il pense qu'il serait indigne de lui de laisser tomber un regard sur des créatures que l'auteur de toutes choses s'est plu à former de ses mains, qu'il conserve chaque jour par un acte de sa puissance et à qui il a libéralement départi les trésors de son inépuisable largesse.

Les reptiles sont parmi nous l'objet d'une proscription générale ; on les enveloppe impitoyablement dans la même aversion, et on ne veut pas chercher s'il n'y a pas parmi eux des espèces innocentes ou utiles. Les plus indulgents ne leur accordent que de l'indifférence, sans examiner si leur histoire ne pourrait pas être digne de quelque intérêt. Sans doute, le Créateur ne leur a pas donné, en général, les formes élégantes, l'allure gracieuse de tant de mammifères, ni la voix harmonieuse des oiseaux, et cependant on trouve chez eux de plus fortes preuves de l'admirable fécondité de ses productions que dans l'étude de ces animaux à l'organisation si variée, au coloris si éclatant, à la parure parfois si magnifique, aux armes quelquefois si formidables ; parmi les reptiles, un grand nombre fournissent des matériaux à notre industrie, des ressources à nos besoins, des remèdes à nos maux, des objets au commerce, et toujours mille sujets intéressants à nos recherches ; n'est-il pas nécessaire même de les connaître, pour éloigner ceux qui sont redoutables, pour apprendre à combattre les effets funestes de leurs poisons.

Dans la chaîne des êtres, les reptiles servent d'intermédiaire entre les oiseaux et les poissons ; comme les premiers ils ont tous les organes des sens, mais déjà beaucoup plus simples et beaucoup plus imparfaits ; le toucher existe à peine dans un grand nombre d'espèces ; le goût doit avoir peu de délicatesse chez les animaux qui avalent toujours immédiatement leur nourriture, l'odorat ne paraît un peu développé que dans les espèces carnassières ; l'ouïe est encore assez fine ; la vue seule a conservé son énergie, et offre dans cette classe d'animaux un phénomène extrêmement remarquable : la fascination ; ses yeux fixes, secs, immobiles, lancent un regard glacial qui pétrifie, pour ainsi dire, l'animal qui en subit l'influence. L'absence de paupières mobiles qui puissent voiler cet œil redoutable fait que la fascination s'exerce quelquefois indépendamment de la volonté du reptile, et l'on dit que plus d'une fois des oiseaux obéissant à l'action de ce regard terrible, sont tombés anéantis, éveillant par leur chute le fascinateur endormi.

On distingue quatre ordres de reptiles, les CHÉLONIENS, ou tortues caractérisées par le double bouclier d'écaille qui enveloppe leur corps ; les SAURIENS, ou lézards couverts d'une peau écailleuse, en général munis comme les chéloniens de quatre membres et d'une queue, excepté dans quelques espèces ; les OPHIDIENS, ou serpents reptiles par excellence, qui n'ont pas de membres, et les BATRACIENS, reptiles à peau nue, pourvus de quatre membres, en général disposés pour la natation.

Ces quatre ordres offrent entre eux des différences d'organisation très remarquables; les Chéloniens, les Sauriens, les Ophidiens, respirent par des poumons ; parmi les Batraciens un grand nombre ont des branchies, comme celles des poissons, (voir 2e partie du volume), dans leur jeune âge, précaution touchante du Créateur qui a voulu faciliter à ces petits animaux faibles encore les moyens de respirer facilement au fond des eaux où ils sont nés. La circulation du sang se fait d'une manière incomplète chez les reptiles, aussi leur chaleur vitale est-elle très faible ; et le froid que l'on sent en touchant leur corps, contribue à augmenter le dégoût qu'ils causent si généralement ; il résulte de cette disposition particulière que la température de ces animaux varie avec celle de l'atmosphère. Ils s'engourdissent pendant tout l'hiver, et attendent, dans une torpeur qui ressemble à la mort, que le printemps nouveau leur rende à la fois la chaleur et le mouvement. Les habitudes d'un grand nombre d'espèces sont lentes et paresseuses, d'autres au contraire, même privées de membres, se meuvent avec une rapidité extrême ; l'œil a peine à suivre la plupart des lézards dans l'excessive prestesse de leurs mouvements ; quelques serpents s'élancent sur leur proie comme une flèche. En général, cependant, il faut une vive chaleur pour les douer de cette agilité prodigieuse, et quand le soleil a cessé d'éclairer l'atmosphère, ils vont chercher dans leur retraite le calme et le repos.

Tous les reptiles sont ovipares, c'est-à-dire qu'ils pondent des œufs, mais ils les abandonnent aussitôt et ne les couvent jamais. C'est la chaleur du soleil qui les fait éclore au milieu du sable et de la vase où la mer les a déposés : nous verrons qu'une espèce produit ses petits vivants, mais c'est parce que les œufs sont alors dans le sein de la mère.

CHAPITRE PREMIER.

CHÉLONIENS.

Les principales espèces de Chéloniens sont les tortues de terre, les tortues de verdure et les tortues de mer. Il est peu d'animaux que la Providence ait pris soin d'entourer d'une protection plus efficace ; les tortues, impuissantes à attaquer, sans armes meurtrières, ont en revanche une armure à l'épreuve de tous les coups. « La plupart des tortues retirent quand elles veulent leur tête, leurs pattes et leur queue sous leur enveloppe dure et osseuse qui les revêt par-dessus et par-dessous, et dont les ouvertures sont assez étroites pour que les serres des oiseaux voraces ou les dents des quadrupèdes carnassiers n'y pénètrent que difficilement. Dans cette position elles peuvent recevoir sans danger les attaques de leurs ennemis. Ce ne sont plus des êtres sensibles qui opposent la force à la force, qui souffrent toujours par la résistance et qui sont plus ou moins blessés par leur victoire même : c'est contre une couverture

insensible que sont dirigées les armes de leurs
ennemis ; les coups qui les menacent ne tombent
pour ainsi dire que sur la pierre, et elles sont alors
aussi à l'abri sous leur bouclier naturel, qu'elles
pourraient l'être dans le creux profond et inaccessible d'un rocher. Le bouclier impénétrable qui les
garantit, est composé de deux espèces de tables
osseuses plus ou moins arrondies, plus ou moins
convexes : l'une est placée au-dessus, l'autre au-
dessous du corps. Les côtes et l'épine du dos font
partie de la supérieure, que l'on appelle *carapace*,
et l'inférieure, que l'on nomme *plastron*, est unie
avec les os du sternum. Ces deux pièces laissent
deux ouvertures par lesquelles la tortue fait sortir
sa tête et ses membres quand elle veut marcher
ou nager. » (Lacépède).

C'est sans doute la démarche de la tortue de

FIGURE 1.

Tortue de terre.

terre qui a rendu proverbiale la lenteur des animaux de sa race. Elle met un temps considérable

à franchir le plus petit espace ; mais elle est aussi paisible que lente, et la douceur de ses mœurs la fait recevoir souvent dans les jardins du midi de l'Europe, où elle détruit les insectes nuisibles. Cette tortue, protégée comme toutes les autres par son écaille, a reçu une existence incroyablement tenace, et si, malgré son bouclier naturel, elle est atteinte par les dents ou le fer d'un ennemi, elle pourrait sans périr supporter des blessures qui entraîneraient instantanément la mort d'un grand nombre d'animaux. Une multitude d'expériences ont prouvé qu'elle pouvait vivre plusieurs mois privée de cervelle, et même après avoir eu la tête coupée. Un savant professeur a conservé, il y a quelques années, pendant huit mois, une tortue sans tête, qu'il nourrissait en introduisant directement la nourriture dans son gosier. On voit fréquemment des tortues subsister près d'une année sans prendre aucune nourriture. Étonnante puissance de vie, et l'un des plus merveilleux moyens qu'ait employés la Providence pour conserver ses œuvres !

La tortue d'eau douce ou la tortue bourbeuse est commune dans les étangs et les marais du midi de la France ; destinée à vivre tantôt sur la terre, tantôt dans l'eau, elle a des pattes propres à la marine, mais aussi ses doigts sont réunis par des membranes qui lui sont fort utiles pour nager. Elle est recherchée à cause de l'usage qu'on en fait en médecine, et surtout elle est plus utile encore que la tortue de terre pour détruire les insectes dans les jardins, où d'ailleurs elle ne cause aucune espèce de dommage ; sa vie est or-

dinairement fort longue; les tortues aquatiques,
élevées près de nos demeures, deviennent de véritables animaux domestiques qui paient aussi à
l'homme le tribut de leurs services.

Bien plus précieuse encore est la grande tortue
de mer ou la tortue franche. C'est sans doute une
des plus utiles ressources que la Providence ait
accordée aux navigateurs dans les pays brûlants,
et tandis que la chaleur détruit ou altère toutes
les provisions, la chair et les œufs de ces tortues
fournissent un aliment aussi abondant que salutaire. Elles ont quelquefois six à sept pieds de
longueur, et pèsent alors près de huit cents livres.
Elles se rassemblent à certaines époques en si
grand nombre, qu'on se contente, dit un naturaliste, de les regarder comme une espèce de trou-
peau réuni à dessein pour la nourriture et le
soulagement des voyageurs. Leur conformation ré-
pond parfaitement à leur destinée : habitantes des
eaux, elles sont munies de pieds semblables à de
vraies nageoires, qui leur permettent de parcourir
rapidement les immenses espaces de l'Océan. Elles
font périodiquement de grands voyages pour aller
déposer leurs œufs sur les plages les plus favorable-
ment disposées : la mère pond ses œufs au nombre
quelquefois de plus de cent dans un certain nombre de trous qu'elle creuse elle-même. Elle ne les
abandonne pas, comme la plupart de ces reptiles,
sans précaution aucune ; elle les recouvre d'un peu
de sable pour les cacher aux regards, et seulement pour ne pas les soustraire à l'action du soleil,
qui au bout de trois semaines fera éclore les jeunes
tortues : ces œufs, couverts d'une membrane

semblable à du parchemin mouillé, sont estimés pour leur qualité précieuse et leur goût délicat ; aussi les recherche-t-on avec soin : mais c'est surtout aux tortues elles-mêmes que l'on fait une chasse active.

Sur les plages que les tortues fréquentent de préférence, quelques hommes, à la faveur d'une nuit calme et d'un clair de lune, attendent en embuscade que les tortues sortent des eaux pour déposer leurs œufs sur la côte et reviennent ensuite à la mer. Dès qu'il paraît une tortue, ils la saisissent, la retournent rapidement avec des leviers si le poids de l'animal est trop considérable, et la laissent ainsi sur le dos, position dans laquelle il lui est impossible de se relever à cause de la largeur de son écaille. Plusieurs matelots réunis peuvent par cette simple méthode prendre une cinquantaine de tortues qu'ils dépèceront le lendemain pour manger leurs œufs, saler leur chair et faire de leur graisse une huile fort bonne à brûler.

Souvent aussi on prend les tortues sur la mer soit au filet, soit au harpon. Pour prendre au filet ou *varrec* la tortue, on tend un vaste filet aux mailles très larges, dans lesquelles les tortues s'embarrassent et se noient bientôt si l'on ne vient les dégager. Quelquefois un habile plongeur se jette à la mer près de quelque tortue endormie pendant la plus grande chaleur du jour, et remontant sur l'eau il saisit à l'improviste la tortue par la partie postérieure de sa carapace. L'animal tiré par derrière résiste, et par ses mouvements se soutient sur l'eau avec le hardi pêcheur : pendant ce temps une barque s'approche en hâte et s'empare de l'animal. Pour harponner les tortues deux hommes montent sur un petit canot que l'un dirige, tandis que l'autre tient un harpon auquel est fixée une forte corde : la barque s'avance sans bruit aux lieux où une quantité d'herbes coupées, flottant à la surface de l'eau, indique que plusieurs tortues paissent au fond ; un léger bouillonnement de l'eau annonce qu'une tortue va montrer sa tête pour respirer : le harponneur se prépare, à peine la tortue a-t-elle paru que le fer s'enfonce dans sa carapace avec tant de force qu'il pénètre jusque dans ses entrailles ; la tortue fuit rapidement entraînant après elle le canot qui glisse légèrement sur l'onde, tandis que l'animal blessé s'efforce de se dérober à son ennemi. Vains efforts ! Le sang qu'elle perd l'a bientôt épuisée : la course du canot se ralentit : quand le harponneur sent que la corde n'est plus tendue, il la tire à lui et ramène la tortue morte ou expirante. La force prodigieuse de la tortue expose souvent les pêcheurs à de grands dangers ; quand elle n'est que légèrement blessée, il arrive qu'en nageant elle fait des tours et des détours si brusques qu'elle fait chavirer la barque ; on raconte qu'un Indien étant à la pêche sur un petit canot aperçut une tortue monstrueuse qui flottait endormie sur l'eau ; il lui passa doucement un nœud coulant à une patte, après avoir fixé le bout de la corde à son bateau. La tortue s'éveilla et prit la fuite entraînant le canot avec une vitesse extrême ; l'Indien attendait patiemment qu'elle se fatiguât, pour qu'il pût la tirer et la charger dans sa barque, mais un mouvement violent de l'animal le renversa avec sa frêle embarcation, et tandis

que le pêcheur, aussi vigoureux matelot que bon
nageur, relevait son esquif, la tortue se reposait
et reprit sa course avec une nouvelle rapidité : plusieurs fois la barque chavira, et la tortue conti-
nuait toujours à fuir sans qu'il fût possible à
l'Indien de détacher la corde que le retenait. Enfin,
après deux jours, elle échoua épuisée sur un bas
fond ; et l'Indien, à demi mort de fatigue et de
faim, put revenir enfin avec sa proie au rivage qu'il
n'espérait plus revoir.

CHAPITRE II.

SAURIENS.

L'ordre des Sauriens nous offre deux genres d'animaux, semblables par la forme, mais complètement différents par les mœurs comme par la taille: l'un, paisible habitant de nos campagnes, l'autre, roi des fleuves et des lacs ; le premier, ennemi redoutable de quelques insectes, le second, fléau de la nature, terreur des plus puissants animaux ; l'un, placé près de nous par le Créateur pour animer les rochers ou les solitudes des bois, l'autre créé pour être un de ces instruments de destruction nécessaires pour arrêter l'excessive multiplication des êtres : nous voulons parler du lézard et du crocodile.

« Le Créateur, en accordant à l'aigle les hautes régions de l'atmosphère, en donnant au lion, pour son domaine, les vastes déserts des contrées ardentes, a abandonné au crocodile les rivages des mers et des grands fleuves de la zone torride. Cet animal énorme, vivant sur les confins de la terre et des eaux, étend sa puissance sur les habitants des mers et sur ceux que la terre nourrit. L'emportant en grandeur sur tous les animaux de son

FIGURE 2.

Crocodile.

ordre, ne partageant sa subsistance, ni avec le vautour comme l'aigle, ni avec le tigre comme le lion, il exerce une domination plus absolue que celle du lion et de l'aigle, et il jouit d'un empire d'autant plus durable, qu'appartenant aux deux éléments, il peut échapper plus aisément aux piéges, et que, pouvant résister plus longtemps à la faim, il livre moins souvent des combats hasardeux. » (LACÉPÈDE). Il se cache dans les roseaux, sur les bords des fleuves, où sa couleur verdâtre le dérobe aux regards des animaux qui viennent se désaltérer, ou bien, à demi enseveli dans la vase et dans les joncs, au milieu des forêts inondées, il attend patiemment sa proie, fond sur elle avec impétuosité, la renverse avec sa queue forte et raboteuse, et ouvre, pour l'engloutir, une gueule armée de dents redoutables, qui se fend jusqu'au-delà des oreilles. Dans l'eau surtout il est terrible; peu d'animaux peuvent lui échapper à la nage; sont-ils sur le bord, le crocodile sort de l'eau et s'élance à leur poursuite; les tortues, les gazelles, les chevaux, les taureaux mêmes et l'homme quelquefois, deviennent sa proie. Rien ne semblerait pouvoir échapper à un ennemi aussi agile sur la terre que dans l'onde, si la Providence n'avait donné un moyen sûr de lui échapper au moins sur la terre ferme. La solidité de ses vertèbres l'empêche de se tourner, ou du moins lui rend tout mouvement oblique fort difficile; l'homme qu'il poursuit échappera infailliblement s'il a la présence d'esprit de se jeter brusquement de côté, et de fuir en faisant de continuels détours.

La femelle du crocodile pond un grand nombre d'œufs que la chaleur du soleil fait éclore dans le sable; le Créateur n'a pas voulu cependant qu'un animal si destructeur pût se multiplier sans obstacle; il l'a entouré d'ennemis qui, chaque année, parviennent à détruire presque entièrement sa nombreuse progéniture. Malgré la surveillance de la mère qui ne quitte guère ses œufs, la plupart sont détruits par les mangoustes, les singes, et plusieurs espèces d'oiseaux aquatiques, qui les recherchent et les mangent avec avidité. Les cougouards et les tigres attaquent souvent les jeunes crocodiles qu'ils guettent sur le bord des fleuves, et saisissent au moment où ils montrent la tête hors de l'eau pour respirer. L'hippopotame, dit-on, osé se mesurer avec les plus grands et les plus forts, et, comme eux, habitants de la terre et de l'onde, il les poursuit jusqu'au fond de leurs plus inaccessibles retraites.

Enfin l'homme fait une guerre active au monstrueux saurien. Des nègres le surprennent pendant son sommeil, et le percent à coups de zagaie, avant qu'il ait le temps de se défendre ; on en fait périr un grand nombre par des piéges de toute espèce. Ainsi l'homme, victorieux presque toujours d'un animal dont les forces l'emportent tant sur les siennes, manifeste ce souverain empire que le Créateur lui a donné sur le plus puissant des animaux.

Aussi doux dans ses mœurs que le crocodile est féroce, l'iguane, gros lézard de cinq à six pieds de long, fait, par l'admirable éclat de ses couleurs, l'ornement de ces magnifiques forêts de l'Amérique méridionale, où la terre, dans sa fécondité prodigieuse, multiplie les arbres immenses, les voûtes de feuillage, les guirlandes de fleurs, où les oiseaux dorés glissent dans la verdure, et font retentir l'air de leur ramage harmonieux : au milieu de ces hôtes brillants, l'iguane établit sa demeure sur quelque arbre élevé où il aime à dormir, balancé mollement au-dessus des eaux murmurantes de quelque ruisseau, ou bien sur l'angle d'un rocher ; les rayons du soleil se réfléchissent en gerbes étincelantes sur ses écailles polies. Il ne se nourrit que d'insectes qu'il happe dans l'air ; cependant l'innocent animal est poursuivi avec acharnement, à cause de la délicatesse de sa chair. C'est une provision abondante et facile pour l'homme errant au fond des bois ; l'iguane tombe sans défiance aux

piéges les plus grossiers ; un nœud coulant suffit
pour le prendre. Le chasseur, armé d'une longue
perche au bout de laquelle est suspendu son nœud
coulant, se met à siffler dès qu'il aperçoit quelque

FIGURE 3.

Les Lézards.

iguane dormant au soleil ; l'animal s'éveille, écoute
avec surprise, avec plaisir, et avance peu à peu la
tête. Le chasseur le caresse doucement avec le bout

de sa perche, tandis que l'imprudent animal s'allonge mollement en se dégageant peu à peu du feuillage qui l'entoure ; dès que sa tête paraît hors des branches, le nœud coulant est passé autour de son cou, et une brusque secousse le fait tomber aux pieds de son ennemi.

Les petits lézards verts et gris de nos bois et de nos murailles ont toutes les habitudes des grands lézards de l'Amérique. Quel enfant ne s'est pas amusé mille fois à voir sur un mur exposé au soleil quelque agile lézard présenter sa tête hors du trou qu'il habite, écouter un instant, puis glisser rapidement sur la muraille, ou s'étendre au soleil, en exprimant son bien-être par les molles ondulations de sa queue ; puis tout à coup, au bruit d'une feuille qui tombe, au souffle d'un vent léger, se lever effrayé, s'élancer, disparaître, se montrer encore, faire mille tours et détours, disparaître de nouveau pour revenir quelques instants après, quand sa crainte sera dissipée ? Ce petit animal si timide et si doux est encore l'un des plus utiles parmi ceux qui fréquentent notre voisinage. Il se nourrit de mouches, de grillons, de sauterelles, de vers de terre, de presque tous les insectes qui nuisent aux fruits et aux grains. La Providence ne semble-t-elle pas l'avoir placé auprès de l'homme pour lui prêter son innocent secours, sans réclamer d'autre récompense qu'un angle caché dans un coin de l'espalier, près du fruit qu'il protége ?

Comment achever l'histoire des lézards sans dire un mot du caméléon, cet animal depuis si longtemps célèbre comme emblème de l'hypocrisie et de la basse flatterie ; depuis si longtemps objet des

plus ridicules préjugés. Sa manière de vivre con-
traste avec celle de presque tous les lézards : au
lieu d'avoir leur démarche rapide et légère, il s'a-
vance d'un pas lent et compassé; s'il monte sur
les arbres à l'aide de sa queue prenante et de ses
pattes disposées comme celles des oiseaux grim-
peurs, il n'avance de branche en branche qu'avec
une extrême circonspection ; le danger même ne
peut changer ses habitudes lentes et engourdies ;
en présence d'un ennemi, il se contente de jeter
un long sifflement qui bien rarement effraie l'agresseur. Pourtant la Providence ne l'a pas dénué entièrement de ressources; il peut à volonté enfler
considérablement son corps pour l'alléger, quand
il veut gravir quelque tronc, quelque rocher; s'il
ne trouve pas de nourriture, il peut, sans souffrir,
s'en passer pendant plusieurs mois. Enfin il a l'étonnante faculté de tourner ses yeux en sens différents,
et de regarder ainsi de presque tous les côtés à la
fois; au moins, s'il ne sait pas fuir un ennemi
qui le surprend, est-il organisé pour se laisser rarement surprendre. Ce qui a valu au caméléon
son antique renommée, c'est une faculté plus
étrange encore, celle de prendre en peu de temps
les teintes les plus diverses ; ce n'est pas, comme
on l'a cru, qu'il contracte la couleur des objets sur
lesquels il passe, mais, suivant les sentiments qui
l'agitent, les humeurs de son corps, affluant en
plus ou moins grande quantité vers sa peau qui est
entièrement noire, la peignent de toutes les nuances, depuis le jaune et le vert jusqu'au rouge et
au brun foncé. Ce sont ces variations perpétuelles
soumises à celles de la température, mais que l'on

croyait dépendantes de la volonté du caméléon, jointes à la démarche incertaine et irrégulière de l'animal, qui lui ont valu ces mots de notre spirituel moraliste La Fontaine :

Peuple caméléon, peuple singe du maître.

CHAPITRE III.

OPHIDIENS OU SERPENTS.

Les ophidiens ou serpents sont les reptiles par excellence. Seuls, ils sont privés de toute espèce de membres, et ne peuvent se mouvoir qu'à l'aide des replis de leur corps flexible. On croirait, grâce a cette organisation, qu'ils sont destinés à se traîner toute leur vie sur la place où ils ont vu le jour, mais le Créateur a compensé cette imperfection apparente, en leur donnant une souplesse et une vigueur extrême, et, en négligeant tous les moyens que nous aurions cru nécessaires, il en a fait les animaux les plus agiles. Où trouver un animal plus preste que le serpent? quand il s'élance sur sa proie, quand il fuit devant un ennemi, chacune des parties de son corps allongé devient un ressort qui se tend avec force et se débande avec violence; à peine a-t-il touché la terre qu'elle l'a repoussé dans l'espace : on dirait qu'il nage dans l'air en rasant la surface du terrain qu'il parcourt; il envahit même le domaine des légers volatiles, et il est aussi léger que l'oiseau dans son vol ; il parvient rapidement jusqu'au sommet des plus grands arbres, en roulant et déroulant son corps avec une merveilleuse vitesse. Quelquefois , agité par un sentiment énergique , il s'appuie sur sa queue repliée , relève la tête et le devant de son corps, et, dardant sa langue fourchue, il promène avec fierté ses effrayants regards sur tout ce qui l'entoure.

Les serpents ont le sang froid comme tous les reptiles, et ils s'engourdissent pendant l'hiver dans tous les pays froids et tempérés : dans les pays chauds, c'est l'extrême élévation de la température qui les fait tomber en léthargie ; et souvent, quand une pluie abondante a rafraîchi les airs, on voit une multitude de serpents s'élancer à la fois des sombres retraites où ils s'étaient ensevelis. Au sortir de leur engourdissement, les serpents se dépouillent entièrement, et revêtent une peau nouvelle aux fraîches et brillantes couleurs ; tout leur être semble alors rajeuni , et c'est pour cela que les anciens, persuadés qu'ils réparaient en même temps toutes les pertes de l'âge, et dépouillaient la vieillesse , les ont regardés comme le symbole de l'éternité. La vie des serpents paraît être fort longue ; il ne sont guère assujettis aux souffrances de la vieillesse. Dès qu'ils approchent du terme de leur existence , leurs forces décroissent rapidement, et ils meurent au bout de quelques jours, si quelque ennemi plus fort ne les a pas déjà délivrés de l'existence.

Tous les serpents naissent d'un œuf ainsi que les autres reptiles ; cependant quelquefois les œufs éclosent dans le ventre de la mère, et les petits en sortent tout formés; c'est cette particularité qui a fait donner à plusieurs espèces le nom de vipère (vivipare). Le nombre de leurs œufs varie, mais jamais il n'est considérable comme celui des œufs de tortue; la Providence a toujours pris soin de multiplier les espèces utiles à l'homme, et de restreindre au contraire celles qui peuvent lui nuire. Les femelles abandonnent leurs œufs sur la terre nue dans les pays chauds, et ne les couvent jamais; dans nos climats, elles les couvrent avec quelque soin, si la chaleur de l'atmosphère ne paraît pas suffisante. L'admirable instinct de la maternité inspire aux serpents la précaution la plus efficace. Ils déposent leurs œufs au milieu du fumier, dans un tas de végétaux en décomposition, où l'élévation de la température produite par la fermentation les a bientôt fait éclore.

On trouve des serpents dans tous les climats, excepté dans les contrées glaciales, mais ils sont beaucoup plus communs dans le midi. A peine en observe-t-on quelques petites espèces en Suède, en Norvége, en France, ils sont un peu plus nombreux; mais c'est sous le soleil de l'équateur, au milieu des forêts chaudes et humides dont jamais l'industrie humaine n'a troublé les retraites, que les serpents fourmillent; on les voit errer par milliers sur la vase des marais, dans les grandes herbes des plaines de l'Amérique et de l'Asie, dans les champs de roseaux inabordables à tous les autres animaux; c'est là que, sous l'influence d'une atmosphère brûlante, quelques espèces atteignent cette taille colossale, cette vigueur et cette agilité qui les rendent redoutables aux plus grands quadrupèdes ; c'est là encore, qu'un grand nombre distillent ce venin fatal dont la moindre goutte introduite dans les veines suffit pour donner presque subitement la mort : animaux d'autant plus redoutables qu'en ôtant la vie aussi aisément aux autres êtres, ils ne la perdent eux-mêmes que fort difficilement ; ils peuvent perdre, sans périr, une portion de leur queue qui se reproduit presque toujours. Après qu'on les a coupés en plusieurs morceaux, les débris de leur corps s'agitent, et la tête, séparée du tronc, peut mordre encore et faire des blessures mortelles ; enfin, ils supportent longtemps le manque de nourriture, et se raniment après avoir été privés pendant plusieurs heures de l'air nécessaire pour respirer. Le nombre des serpents venimeux est heureusement beaucoup inférieur à celui des serpents sans venin. Parcourons successivement l'histoire des plus remarquables d'entre ces animaux.

SECTION PREMIÈRE.

Serpents non venimeux.

Un des serpents les plus innocents et les plus communs dans presque toutes les contrées, est l'Orvet, petit reptile d'un pied de long, de couleur jaunâtre, qu'on trouve assez fréquemment aux environs de Paris sous la mousse, sous les pierres et sous l'écorce des vieux arbres. Quand on le saisit, il se roidit avec violence et devient aussi inflexible qu'un bâton; alors il est extrêmement fragile, aussi l'appelle-t-on en plusieurs endroits serpent de verre; il darde en même temps sa langue noire et fourchue, mais elle ne saurait faire aucun mal; les dents de l'orvet sont même si courtes et si minces, qu'à peine peuvent-elles entamer la peau d'un pigeon, et la légère blessure du serpent, quoique abreuvée de salive, n'a jamais aucune suite fâcheuse. Il ne semble destiné au contraire dans la création qu'à rendre service à l'homme. Dans les champs qu'il habite, il est souvent à chasser des vers, des insectes, de jeunes grenouilles et de petits mulots dont il fait sa nourriture, et qu'il avale sans mâcher; il arrive souvent que l'on trouve dans le corps des orvets des vers de terre encore pleins de vie, qui s'enfuient en rampant dès qu'on les rend à la liberté. L'orvet devient facilement la proie des oiseaux et des quadrupèdes qui le rencontrent; mais il sait le plus souvent échapper à leurs recherches, se ménageant une retraite où ses ennemis ne peuvent le suivre; il creuse avec son museau des galeries profondes quelquefois de trois ou quatre pieds, dans lesquelles il a soin de pratiquer plusieurs issues, afin de pouvoir fuir si sa demeure est envahie. Il s'y cache pendant la pluie, et pendant une certaine partie du jour et de la nuit : du reste, il aime à respirer librement l'air extérieur, et quand aucun danger ne menace, il quitte son ténébreux séjour pour s'étendre au soleil, ou poursuivre sa proie. Il paraît moins sensible au froid que la plupart des autres serpents, et ne s'engourdit presque jamais complètement pendant l'hiver. On le voit alors quelquefois percer la neige avec sa tête et l'élever au-dessus de sa surface, comme pour jouir un instant de l'air et de la lumière ; puis il disparaît bien vite, et va chercher au fond de son trou une plus douce température, jusqu'à ce que le retour du printemps le délivre de sa captivité.

Un genre de serpents semblable à l'orvet, mais d'une taille infiniment plus considérable, est l'A--crochorde, dont les habitants de Java mangent la

FIGURE 4.

Acrochorde.

chair. Quoiqu'il atteigne quelquefois sept à huit pieds de longueur, il n'est guère plus à redouter que nos couleuvres.

L'Amphisbène (double-marcheur), serpent assez

semblable à l'orvet, offre une particularité qui a donné lieu aux prejugés les plus absurdes ; il peut ramper avec une vitesse presque égale en avant et en arrière. Comme sa queue est grosse et arrondie, on s'est imaginé que c'était une seconde tête placée à l'autre extrémité du corps, et on en a conclu que lorsque l'on coupe en deux un amphisbène, les deux têtes se cherchent mutuellement, et quand elles se sont rencontrées, se rapprochent et se rejoignent par les extrémités qui ont été coupées. Il n'est pas besoin d'inventer de pareilles fables pour répandre de l'intérêt dans le spectacle de la nature, il nous offre assez de merveilles pour que l'homme ne doive pas y mêler ses fictions. Placé dans des contrées où les insectes nuisibles abondent, l'amphisbène passe sa vie à les détruire. Il ne lui suffit pas de les attendre ni de les poursuivre sur la terre, il pénètre avec eux dans les ténébreuses retraites qu'ils ont creusées sur le sol, il en dévore les œufs et les larves qui menacent de produire bientôt des générations nouvelles d'animaux destructeurs ; et grâce à la facilité avec laquelle il se dirige à reculons, il lui est facile de sortir des endroits les plus tortueux, où la plupart des autres serpents, incapables de se retourner et de ramper en arrière, périraient infailliblement.

Plusieurs serpents, sans être venimeux, n'en sont pas moins, par une force prodigieuse, de redoutables ennemis des plus grands animaux ; les Boas-Devins nous en fournissent un exemple ; ce sont les rois des serpents, comme les lions sont les rois des quadrupèdes. « On frémit lorsqu'on lit, dans les relations des voyageurs qui ont pénétré dans l'in-

térieur de l'Afrique , la manière dont l'énorme
serpent devin s'avance au milieu des herbes hautes

FIGURE 5.

Le Devin.

et des broussailles , ayant quelquefois trente ou
quarante pieds de longueur, plus de dix-huit
pouces de diamètre , et semblable à une longue
et grosse poutre que l'on remuerait avec vitesse.
On aperçoit de loin par le mouvement des plantes
qui s'inclinent sous son passage , l'espèce de
sillon que tracent les diverses ondulations de son
corps ; on voit fuir devant lui les troupeaux de ga-

zelles et d'autres animaux dont il fait sa proie, et le seul parti qui reste à prendre dans ces solitudes immenses pour se garantir de sa dent meurtrière et de sa force funeste, est de mettre le feu aux herbes déjà à demi brûlées par l'ardeur du soleil. Le fer ne suffit pas contre ce dangereux reptile, lorsqu'il est parvenu à toute sa longueur, et surtout lorsqu'il est irrité par la faim. L'on ne peut tenter sa mort qu'en couvrant un pays immense de flammes qui se propagent avec vitesse, au milieu de végétaux presque entièrement desséchés, et en élevant pour ainsi dire un rempart de feu contre la poursuite de cet énorme animal. Il ne peut en effet être arrêté ni par les fleuves qu'il rencontre, ni par les bras de mer dont il fréquente souvent le bord, car il nage avec facilité, même au milieu des ondes agitées; et c'est en vain d'un autre côté que l'on voudrait aller chercher un abri sur de grands arbres. Il se roule avec promptitude jusqu'à l'extrémité des cimes les plus hautes, aussi vit-il souvent dans les forêts. Enveloppant les tiges dans les divers replis de son corps, il se fixe sur les arbres à différentes hauteurs, et y demeure souvent longtemps en embuscade, attendant patiemment le passage de sa proie. Lorsque pour l'atteindre ou pour sauter sur un arbre voisin il a une trop grande distance à franchir, il enlace sa queue autour d'une branche, et suspendant son corps allongé à cette espèce d'anneau, se balançant tout d'un coup et s'élançant avec force, il se jette comme un trait sur sa victime, et contre l'arbre auquel il veut s'attacher. » (LACÉPÈDE.)

Les boas vivent ordinairement dans les lieux aquatiques, et se placent en embuscade sur le bord des rivières pour y attendre leur proie ; roulés sur eux-mêmes, ils forment un cercle de six à sept pieds de diamètre, au centre duquel se trouve sa tête, qu'ils élèvent de temps en temps pour observer si quelque animal approche ; aussitôt qu'il est à leur portée, ils s'élancent sur lui, quelle que soit sa taille, le retiennent avec violence dans leurs replis, l'étouffent en un instant, et l'avalent aussitôt, s'il n'est pas d'un volume trop considérable. Quelquefois la victime ne succombe pas sans avoir opposé une terrible résistance, si le serpent a osé attaquer quelque animal puissant et féroce. Plusieurs voyageurs ont vu des tigres surpris par un boa, le saisir en rugissant avec leurs griffes, déchirer sa chair avec leurs dents, et faire couler son sang à flots, et chercher à échapper à ses mortelles étreintes ; mais le serpent, sifflant de douleur et de rage, resserrait ses replis, couvrait le tigre d'écume rougie, l'accablait de son poids, et faisant craquer tous ses os par ses efforts redoublés, le jetait défiguré et sans vie sur le sable ensanglanté.

Quand le boa a tué quelque gros quadrupède, comme un bœuf ou un cerf, qu'il ne pourrait avaler malgré la grande ouverture de sa gueule, il ne cherche jamais à diviser sa proie en deux morceaux, il l'entraîne en se roulant avec lui, auprès d'un tronc d'arbre qu'il enferme dans ses replis, il place sa proie entre son corps et l'arbre, la serre de toute la vigueur de ses muscles puissants, la mutile, la broie, l'écrase, et parvient à en faire une masse informe qu'il allonge à son gré.

Tout n'est pas fini encore ; le serpent recommence à pétrir sa proie, il l'imbibe d'une salive qu'il répand en abondance, et quand il l'a ainsi amollie, il l'avale en la saisissant par la tête et en l'attirant fortement par des aspirations répétées. Souvent la proie est encore bien plus grosse que l'animal, mais ses mâchoires, comme celles de tous les serpents en général, sont articulées de manière à permettre à la bouche de s'agrandir extraordinairement dans tous les sens ; les deux branches de la mâchoire ne sont pas soudées entre elles, et peuvent s'écarter latéralement ; les lèvres et la peau de la face, plissées dans l'état ordinaire, peuvent se développer considérablement. Malgré cette organisation particulière, la voracité du boa lui fait avaler des masses de chair tellement considérables, qu'il ne peut les engloutir qu'à demi ; il faut qu'il ait digéré une partie pour faire pénétrer l'autre, souvent corrompue déjà ; et il n'est pas rare de voir le serpent boa la gueule horriblement ouverte et remplie d'une proie à demi dévorée, attendre dans une sorte de torpeur la fin de cette pénible digestion.

Qui pourra donc lutter contre ce tyran des déserts ? est-il destiné à triompher sans obstacle de tous ses ennemis, et doit-il impunément exercer son ravage dans les contrées qu'il habite ? Non ; le Créateur a mis un être au-dessus du plus redoutable des serpents comme au-dessus de tous les animaux : Il n'en est aucun que l'homme ne puisse vaincre ; il arrive un moment où le boa lui-même est livré sans défense à ses coups.

Quand le serpent a assouvi sa voracité, il perd aussitôt son agilité et sa force ; il tombe dans un sommeil ou plutôt dans un engourdissement profond ; son corps prodigieusement gonflé gît comme

un cadavre ; et quelquefois cet état de léthargie se
prolonge pendant cinq ou six jours. Il est arrivé,
dit-on, que des voyageurs se sont reposés sur ce
reptile, qu'ils prenaient pour un tronc d'arbre, à
cause des herbes et du feuillage dont il était couvert. Il est certain du moins que c'est ce moment
que l'on saisit pour mettre à mort sans danger le
redoutable animal. Souvent, pour hâter l'engourdissement du boa, on attache près de son repaire
quelque gros animal que le serpent dévore aussitôt.
A peine est-il tombé dans sa léthargie ordinaire,
que les chasseurs approchent de lui, lui passent
un nœud coulant pour l'étrangler, et l'assomment
à coups de massue. Les nègres font la chasse du
boa non seulement pour délivrer d'un ennemi
infatigable leurs troupeaux et leur volaille, mais
aussi pour s'emparer de sa chair qu'ils regardent
comme un mets délicieux, et de sa peau qui leur
sert de parure.

Un animal si formidable ne devait pas être trop
multiplié dans la nature ; la femelle pond quelques
œufs après la saison des pluies, quand toute sa race
vient de se rajeunir, pour ainsi parler, en revêtant
une peau nouvelle. L'œuf est d'une petitesse
extrême relativement à la taille énorme de l'animal ; c'est encore une sage précaution de la Providence ; les petits boas éclosent faibles encore ;
privés en naissant de la protection de leur mère,
ils parviennent péniblement à soutenir leur existence pendant la première année de leur vie, et
ils périssent en grand nombre avant d'avoir acquis
cette taille et cette force qui les mettra désormais
à l'abri de tous les dangers.

Auprès du boa, les naturalistes ont placé le Py-thon, aussi magnifique par ses couleurs et sa forme,

FIGURE 6.

Le Python.

aussi redoutable par sa vigueur. Ses habitudes sont analogues, seulement il est plus aquatique que le boa, et c'est au sein des ondes, la queue fixée à quelque arbre du rivage, que le monstre attend les animaux qui viennent sans défiance se désaltérer près de lui.

Eloignons de nos yeux ces terribles images de destruction et de mort; dépouillons-nous, s'il se peut, de toutes ces préventions contre des animaux qui n'ont avec le boa et l'aspic de commun que la forme ; à nos yeux se présentent des images gracieuses, un spectacle qu'aucune scène sanglante ne vient troubler ; arrêtons nos regards sur la couleuvre, cet hôte innocent, dont les mouvements sont si pleins de souplesse, les proportions si légères, les couleurs si douces, quelquefois si brillantes. Répandues autour de nos demeures, jamais elles n'en troubleront la paix ; leur bouche ne distille aucun venin, et ce que l'on appelle leur dard est une langue inoffensive incapable de blesser les plus faibles animaux ; suivons-les donc sans crainte, sans défiance ; avec quel plaisir alors ne les verrons-nous pas glisser légèrement au milieu des fleurs, auxquelles elles marient leurs nuances, s'élancer jusque sur les rameaux des arbres, se mêler aux oiseaux surpris, varier enfin, et embellir à leur manière le vaste et magnifique théâtre de la nature pendant les beaux jours du printemps.

La couleuvre verte et jaune ou couleuvre commune, est un des plus jolis serpents du midi de l'Europe : son corps, long de trois à quatre pieds, est d'une souplesse extrême, et il est agréablement nuancé par des écailles vertes bordées de jaune d'or. Timide et légère, elle fuit devant l'homme et se tient ordinairement cachée dans quelque trou, au pied d'un arbre ou d'une haie ; quand elle est prise, cependant, elle se familiarise fort vite et éprouve pour les personnes qui la soignent un attachement pareil à celui des animaux qui ont le plus d'intinct. Un naturaliste, fort digne de foi, a vu un de ces serpents tellement affectionné à la personne qui le nourrissait, qu'il se glissait souvent le long de ses bras pour la caresser, se cachait sous ses vêtements et allait reposer dans son sein ; il la suivait comme un chien suit son maître, se tournait souvent vers elle quand elle marchait, comme pour lui demander ses ordres, et reconnaissait parfaitement le son de sa voix. Un jour la maîtresse de ce serpent le jeta dans l'eau pendant qu'elle suivait sur un bateau le courant d'une rivière près de son embouchure ; le fidèle animal suivait, en nageant, le bateau ; mais par malheur la marée commençait à monter, et les vagues vinrent contrarier les efforts du serpent, qui fut bientôt englouti en cherchant à joindre le bateau qui s'éloignait.

La couleuvre à collier, assez semblable à la précédente, est remarquable par la bande jaune qui forme autour de son cou un collier véritable ; elle est fort commune dans notre pays, et est aussi douce, aussi familière que la couleuvre verte et jaune ; elle se plaît dans les lieux humides, et sa facilité à traverser en nageant des étendues d'eau assez considérables lui a fait donner le nom de serpent d'eau ou serpent nageur. La douceur de ses mœurs la fait rechercher en Sardaigne comme un hôte agréable dans les maisons ; beaucoup de personnes les élèvent et les nourrissent avec soin, et les habitants de la campagne, qui les regardent comme des animaux de bon augure, croiraient chasser le bonheur s'ils les chassaient de chez eux. En rejetant tout ce qu'il y a de superstitieux dans cette opinion, toujours est-il que la frayeur et le dégoût que cette couleuvre fait généralement éprouver, sont entièrement dénués de fondement, et que c'est une véritable injustice que de poursuivre, comme on le fait sans cesse et avec acharnement, un animal qui se nourrissant d'insectes et de petits quadrupèdes, délivre nos jardins d'une foule d'êtres incommodes et nuisibles.

SECTION DEUXIÈME.

Serpents venimeux.

Il faut quitter nos riantes prairies et leurs paisibles habitants pour nous transporter dans ces vertes forêts de l'Amérique, qu'un soleil brûlant inonde de ses feux ; dans ces vastes solitudes où ne pénètre guère que l'Indien chasseur ou le voyageur intrépide, le Créateur a multiplié les animaux féroces sans doute pour que, plus éloignés de l'homme, ils puissent vivre dans leurs domaines sans être pour lui un inévitable fléau. Parmi les hôtes terribles du nouveau monde, l'un des plus redoutables sans doute est le crotale ou serpent à sonnettes.

Le Crotale se nourrit d'oiseaux, d'écureuils, de reptiles, de lièvres même, qu'il saisit en s'élançant sur eux de la retraite où il se tient caché. On a dit que ce serpent avait la faculté d'enchanter l'animal qu'il voulait dévorer, que par la puissance de son effroyable regard il le contraignait à se précipiter dans sa gueule, que l'homme lui-même ne pouvant résister à cette fatale influence, allait se présenter à la dent du crotale. Mais on a beaucoup

FIGURE 7.

Le Crotale ou Serpent à sonnettes.

exagéré le pouvoir de fascination que ces reptiles peuvent posséder à quelque degré ; il est vrai seulement que l'animal surpris par un crotale cherche rarement à s'échapper, et que, pétrifié par la terreur, il est aisément saisi sans avoir pu se défendre ou s'enfuir.

Les serpents à sonnettes se tiennent ordinairement contournés en spirale dans les sentiers que fréquentent les animaux sauvages, à l'abri d'une touffe de roseau ou de quelque tronc d'arbre abattu. C'est là que le reptile attend sa victime, et qu'il s'élance sur elle, comme un trait, dès qu'elle est à sa portée ; il la poursuit souvent au fond des eaux qu'il traverse avec une rapidité extrême. Tous les animaux en ont une frayeur mortelle ; les chiens et les chevaux, qui le sentent de loin, se laisseraient plutôt assommer que de passer près de la retraite d'un de ces animaux. Le cochon cependant ose affronter ses morsures ; préservé par la rudesse de ses poils, l'épaisseur de sa peau et surtout de sa graisse, il va au-devant du serpent à sonnettes, l'attaque, le met à mort, et le dévore avidement après un combat qui lui est rarement funeste. Mais il n'y a que l'homme qui semble inspirer quelque crainte au crotale ; ce serpent ne l'attaque pas ordinairement le premier ; quand il l'aperçoit près de lui, il se roule en spirale et attend une provocation pour s'élancer ; si on s'éloigne il s'apaise et se retire ; si on l'irrite, il plie et replie ses contours, enfle ses joues, contracte ses lèvres, ouvre une large gueule et s'élance enfin, mais seulement s'il est sûr d'atteindre son ennemi.

Il n'est pas de venin plus dangereux que celui du serpent à sonnettes. Il se produit dans une glande assez considérable et circule dans la plaie par un canal creusé dans les dents mêmes ou crochets recourbés dont est garnie la mâchoire supérieure du crotale. La plus légère piqûre faite par les crochets peut donner la mort au milieu d'affreuses douleurs. Tout le corps enfle, la langue se gonfle et s'épaissit ; une soif inextinguible tourmente le blessé, les bords de la plaie se gangrènent, et il meurt souvent au bout de quelques minutes. On a fait sur des animaux plusieurs expériences pour connaître les effets de la morsure des crotales. Un de ces serpents fut attaché à un poteau, et on exposa plusieurs chiens à ses piqûres ; le premier mourut en quinze secondes, et les autres moins promptement, parce que le poison en partie épuisé par les précédentes morsures, ne pouvait plus agir avec la même violence. Quatre jours après plusieurs autres chiens périrent encore : trois jours se passèrent et une grenouille avec un poulet furent encore en quelques instants victimes du serpent, qui cependant n'avait pris aucune nourriture. Enfin, on mit un serpent d'une autre espèce aux prises avec le serpent à sonnettes ; tous deux furent piqués, mais le crotale en fut quitte pour une légère blessure, tandis que l'autre reptile mourut en moins de huit minutes. Enfin, le serpent, dans un accès de fureur, se mordit lui-même, et il mourut au bout de douze minutes. Ainsi, son poison, si funeste aux autres animaux, ne l'est pas moins à lui-même ; et en tournant contre lui ses armes, il se charge de venger ses propres victimes. L'effet du poison est presque immédiat ; il faut renoncer à tout espoir de salut, quand on attend quelque temps avant d'appliquer les remèdes : on en connaît du reste plusieurs qui sont assez efficaces, la ligature suivie de la succion, et surtout, la cautérisation.

Du reste, l'homme peut en général éviter la rencontre du serpent à sonnettes. La Providence lui a donné des signes qui lui révèlent l'approche de ce terrible ennemi, même quand il se glisse invisible au milieu des herbes ou des broussailles : d'abord il répand autour de lui une odeur extrêmement forte et désagréable que tous les animaux reconnaissent et qui peut aisément frapper l'odorat de l'homme lui-même. Mais ce qui est d'une admirable prévoyance, c'est qu'il est muni d'un grelot qui lui a valu son nom, et qu'il agite souvent, comme pour avertir autour de lui qu'il est temps de prendre la fuite? Ce grelot est composé de petites pyramides tronquées, plus larges d'un côté, s'emboîtant l'une dans l'autre au moyen de trois bourrelets, qui les retiennent sans leur ôter leur mobilité. En effet, ces grelots s'agitent dès que l'animal est en marche; chaque pièce, d'une matière cassante, élastique, demi-transparente, et de la même nature que l'écaille, est sonore en même temps, et quand toutes se choquent l'une contre l'autre, elles produisent un bruit qui rappelle celui d'un parchemin froissé ou de deux plumes d'oies que l'on frotterait rapidement ensemble; il est impossible de se méprendre sur la nature de ce bruit, quand on l'entend dans un lieu habité par les crotales : il frappe à quelques pas l'oreille du voyageur, qui, prévenu à temps, peut encore se détourner à la hâte. Plus l'animal est irrité, plus il agite ses sonnettes et les fait retentir avec force. Ainsi, la Providence a fait trouver à l'homme, dans la colère même de son ennemi, un moyen de lui échapper plus sûrement. L'homme, non seulement peut alors se dérober à l'approche du crotale, qui ne saurait le suivre à la course; mais quand il est averti d'avance et qu'il peut prendre ses mesures, il lui est très facile de s'en rendre maître s'il a du sang-froid et de l'adresse. Beaucoup d'Indiens saisissent avec dextérité les crotales près de la tête ; alors l'animal est tout à fait incapable de leur nuire, il ne peut pas même, comme beaucoup de serpents, relever sa queue pour l'entortiller autour des bras de l'agresseur, ni faire beaucoup d'efforts pour se dégager. Un navigateur français, qui, dans les derniers temps, a visité l'Amérique, assure qu'il a pris en vie tous ceux qu'il a rencontrés sans qu'ils aient pu le blesser une seule fois. Ainsi éclate partout l'empire de l'homme sur les animaux mêmes qui font trembler toutes les autres créatures.

Le naja, que plusieurs naturalistes croient être le fameux aspic des anciens, est un serpent des climats les plus chauds de l'ancien continent, aussi redoutable que le serpent à sonnettes dans le Nouveau Monde. On l'appelle ordinairement serpent à lunettes, à cause d'un trait noir représentant assez exactement une paire de lunettes, qu'il porte sur le cou, à un endroit où sa peau se dilate extraordinairement quand il est irrité, et forme derrière sa tête une espèce de calotte ou de couronne. Il porte des crochets semblables à ceux du crotale, et dont la piqûre donne souvent la mort au bout de quelques minutes, quand on ne peut y apporter remède ; c'est de tous les serpents celui qui est le plus redouté des Indiens, qui vont pieds nus à travers les herbes et les broussailles où se cache souvent le serpent à lunettes. Cependant beaucoup de jongleurs parviennent à le dompter, et le montrent en spectacle au peuple surpris. Ces jongleurs parviennent à lui faire exécuter une espèce de danse. Ils prennent d'une main une racine dont la vertu, disent-ils, les préserve de la morsure du serpent, et qu'ils vendent fort cher au spectateur crédule ;

FIGURE 8.

Le Naja ou Serpent à lunettes.

en même temps , ils font paraître l'animal, et l'irritent en lui présentant le poing. Le serpent aussitôt se dresse sur sa queue, relève son corps, gonfle son cou, ouvre sa gueule en dardant sa langue, fait étinceler ses yeux enflammés, et commence une espèce de combat avec son maître qui lui présente le poing tantôt à droite tantôt à gauche; l'animal, toujours prêt à s'élancer, mais retenu par la crainte que le jongleur a su lui inspirer, suit tous les mouvements de la main qui le menace, et balance ainsi son corps et sa tête, en s'appuyant sur sa queue qui reste immobile. Il faut se garder de croire que ces hommes osent se jouer ainsi avec le terrible naja muni de son arme meurtrière; ils ont soin de lui enlever ses crochets à l'avance, ou tout au moins d'épuiser son poison en le forçant à mordre à plusieurs reprises une substance molle et épaisse, comme une pièce d'étoffe, une éponge, où ses dents s'enfoncent facilement.

Il n'est pas étonnant que la superstition ait prêté un caractère merveilleux au plus redoutable des serpents connus par les anciens. Les païens, habitués à offrir leur encens à l'objet de leurs craintes comme à l'objet de leur reconnaissance et de leur amour, lui ont rendu un culte sacrilége; ils ont orné leurs temples de ses images, et lui ont adressé des prières, n'espérant pas pouvoir échapper autrement à ses morsures; aujourd'hui même, des peuples sur lesquels le christianisme n'a point encore exercé sa bienfaisante influence, en sont venus à regarder comme une impiété le meurtre d'un de ces animaux; et ainsi le plus cruel de leurs ennemis est pour eux sacré et inviolable. On raconte que, dans les Indes, le ministre d'un roi fut mordu

par un de ces serpents à lunettes, qui était de
la grosseur du bras et d'environ huit pieds de longueur ; il négligea d'abord les remèdes ordinaires,
et ceux qui l'accompagnaient se contentèrent de le
ramener à la ville, où le serpent fut apporté aussi
dans un vase bien couvert. Le roi, touché de cet
accident, fit aussitôt appeler les brahmines, qui re-
présentèrent à l'animal combien la vie d'un officier
si fidèle était importante à l'état ; aux prières on
joignit les menaces ; on déclara au serpent que, si
le malade périssait, il serait brûlé vif dans le même
bûcher ; mais il fut inexorable, et le ministre ne
tarda pas à succomber. Le roi fut très sensible à
cette perte, et voulait s'en venger sur le serpent ;
cependant, ayant fait réflexion que le mort pouvait
bien être coupable de quelque faute secrète capable
d'avoir attiré le courroux des dieux, aussitôt il
donna ordre de rendre la liberté au reptile malfaisant, après l'avoir apaisé par les excuses et les
soins les plus empressés !

Les Indiens ont été jusqu'à porter des aliments
dans les lieux que fréquente le serpent à lunettes.
C'est encore ce serpent, ou un serpent d'une espèce à peu près semblable, que les anciens Egyp-
tiens faisaient servir à leurs enchantements. On
a remarqué qu'il suffit de leur presser la nuque
pour les faire tomber dans une sorte de paralysie
momentanée qui leur donne la raideur et l'inflexi-
bilité d'un bâton : c'est peut-être ainsi que les ma-
giciens d'Égypte purent imiter en quelque sorte les
prodiges opérés par Moïse.

Les naturalistes reconnaissent aisément les serpents venimeux à la présence des crochets que nous

avons signalés dans le serpent à sonnettes; mais malheureusement il n'est guère de caractères apparents au premier coup d'œil qui les distinguent des reptiles non venimeux : aussi doit-on recommander, malgré le grand nombre de serpents inoffensifs, d'éviter ceux que l'on ne connaît pas, de peur de rencontrer quelque espèce malfaisante ; et ce n'est pas tout à fait à tort que la vipère, animal fort dangereux qui se trouve quelquefois dans nos environs, quoique bien plus rarement que la couleuvre, a attiré sur toute la race des serpents de nos climats une réprobation universelle.

Dans notre pays cependant, où les serpents sont en fort petit nombre, il nous sera facile de distinguer le seul serpent venimeux parmi les différentes espèces qui s'y trouvent; la vipère n'a ni la taille élégante, ni les brillantes couleurs de la couleuvre ; sa longueur n'est guère que de deux pieds ; sa couleur est celle d'un gris cendré relevé de taches noires disposées le long du dos ; quand on a pu la tuer ou la saisir, on voit dans sa gueule deux dents longues et crochues, qu'elle remue à son gré, et qui lui servent en même temps à mordre et à verser son venin. Comme nous l'avons fait remarquer, ce sont ces dents seulement qui sont capables de blesser, et non pas la double langue qu'elle darde en sifflant avec rapidité, mais qui ne peut faire aucun mal. Le venin, quoique très redoutable, n'est cependant constamment mortel que pour les très petits animaux ; d'après les expériences du célèbre physicien et naturaliste Fontana, il faut un centième de grain de ce venin, introduit dans un muscle, pour tuer un moineau instantanément ; deux grains

ne suffisent pas pour tuer un corbeau, à moins
que le venin ne pénètre dans quelque gros vaisseau ; il faut plusieurs piqûres pour faire périr un
bœuf; et l'homme, à moins qu'il n'ait été piqué par
une vipère irritée, qui alors répand plus de venin,
ne succombe pas ordinairement aux suites d'une
seule blessure. Le meilleur remède est l'alcali volatil
versé dans la plaie légèrement élargie ; on peut encore avec succès sucer à l'instant la place attaquée,
sans craindre les effets du poison, car, pris à l'intérieur, il est sans danger, pourvu que l'on n'ait
aucune écorchure dans la bouche.

La plupart des animaux, qui ne craignent pas la
couleuvre, fuient de loin la vipère, instruits du danger par un admirable instinct qui n'est dû ni à
l'expérience ni aux leçons d'autrui, et qui serait
inexplicable, si l'on n'admettait l'action bienfaisante d'une Providence attentive à la conservation
de ses œuvres. Cependant cette Providence ne voulait pas non plus qu'un animal aussi malfaisant fût
à l'abri de toute attaque, grâce à la terreur qu'il
inspire ; elle lui a donné pour ennemis plusieurs
habitants des forêts où il se multiplie : les sangliers,
les hérons, et quelques oiseaux de proie, les
saisissent hardiment et les déchirent pour en faire
leur nourriture, les jeunes vipères surtout, aban-
données par leur mère dès qu'elles sont sorties vivantes de son sein, périssent chaque année en grand
nombre.

CHAPITRE IV.

LES BATRACIENS.

Les Batraciens, qui nous conduisent naturellement des reptiles aux poissons, sont faciles à distinguer des autres reptiles, parce qu'ils n'ont ni carapace, ni écaille, ni ongles ; ce qui les fait remarquer surtout, c'est la métamorphose qu'ils éprouvent dans les premiers temps de leur existence : le changement qu'ils éprouvent alors dans leur forme extérieure et leur organisation intérieure est frappant, surtout dans les Batraciens privés de queue à l'état parfait, comme les crapauds et les grenouilles. Au moment où ils sortent de l'œuf, ils ont une longue queue, une tête démesurément grosse qui leur a valu le nom de *Tétards*, un bec cornu et des appareils respiratoires analogues aux branchies des poissons : leur vie alors est tout aquatique ; ils nagent facilement, et ne paraissent jamais à la surface de l'eau pour respirer ; mais bientôt leur forme primitive s'altère, des pattes commencent à apparaître des deux côtés de la queue ; celles de devant se forment en même temps, et l'animal ressemble à un jeune lézard aquatique ; des poumons se développent, mais les branchies ne disparaissent que lorsque l'animal a quitté l'humide élément où il a pris naissance. Sa queue tombe bientôt après. Enfin, il éprouve une révolution dans ses mœurs comme dans sa conformation : au lieu de se nourrir d'herbes et de feuilles, il devient carnassier : nous verrons quelquefois que ce changement n'est pas aussi complet : quelques Batraciens gardent leurs branchies avec leurs poumons ; ainsi, ils peuvent respirer dans l'eau comme dans l'air, et sont des animaux amphibies dans toute la force du terme, au lieu que cette désignation n'a été donnée que par erreur au crocodile, à l'hippopotame, et à beaucoup d'animaux aquatiques qui cependant ne sauraient subsister dans l'eau sans venir de temps en temps respirer l'air à la surface.

Les principaux Batraciens sont les crapauds et les grenouilles, unis sous beaucoup de rapports, mais si différents par leur apparence extérieure. Tout le monde voit avec dégoût la forme ramassée et pesante, les lourdes allures, l'attitude ignoble du crapaud ; il n'est personne, au contraire, qui n'aime à voir la svelte et légère grenouille, se tenant à terre les jambes postérieures gracieusement pliées, la tête haute comme pour chercher l'air et la lumière, ou bien, s'élançant avec force, quelquefois à plusieurs pieds de hauteur, frappant avec leurs jambes élastiques le sol qui les repousse dans l'espace, et traversant en un clin d'œil de grandes distances par leurs bonds multipliés ; ou bien encore, dans les eaux qui semblent leur véritable domaine, nageant avec une grâce parfaite à travers l'onde transparente, sans en agiter, sans en rider la surface, montrant, cachant, montrant encore, au milieu des joncs et des herbes, les douces couleurs de leur peau, et présentant à l'homme les plus parfaites leçons d'un art qu'elle lui a appris peut-être, mais dans lequel jamais il n'atteindra son modèle.

Les grenouilles sont engourdies tout l'hiver,

FIGURE 9.

Grenouille commune.

elles ne mangent plus alors et semblent respirer à peine; elles s'enfoncent dans la vase des eaux profondes, dans les trous des fontaines, dans les intervalles des pierres; elles se réunissent en très grand nombre, en se pressant les unes contre les autres, comme pour conserver un reste de chaleur; plusieurs milliers quelquefois sont ainsi réunies dans un très petit espace. Mais à peine les premiers rayons d'un soleil de printemps ont-ils échauffé l'atmosphère, que nos grenouilles s'agitent au fond de leurs marais, et se répandent dans les eaux où elles vont déposer leurs œufs ; on les voit ces œufs, sous la forme de grains noirâtres, flotter dans une masse gélatineuse qui les soutient à la surface de l'eau. La grenouille ne sait prendre aucune précaution pour la sûreté de ses petits ; mais la Providence a destiné cette matière, qui enveloppe naturellement les œufs, à protéger les premiers jours du têtard ; à peine éclos, il s'y promène, il n'en sort que timidement, comme pour essayer ses forces et y rentre bientôt pour s'y reposer, pour y prendre même sa nourriture, jusqu'à ce qu'il soit assez fort et assez agile pour aller se lancer sans crainte au milieu des eaux. C'est après la ponte des grenouilles, et pendant les beaux jours du printemps et de l'été, qu'elles animent de leurs sauts légers les rives de nos ruisseaux, où elles s'élancent à la moindre apparence de danger. On peut les voir alors guetter leur proie avec une patience prodigieuse. Fixes et immobiles, elles regardent avec attention l'insecte errant sans inquiétude sur quelques brins d'herbe, ou voltigeant au bord de l'eau. A peine le croient-elles à leur portée, qu'elles s'élancent d'un bond rapide comme l'éclair, en tirant une langue gluante, qui empêche l'insecte de s'échapper une fois qu'il est saisi. Les grenouilles semblent ne vouloir se nourrir que de proie vivante, car elles n'en prennent aucune qu'elles ne l'aient vu remuer : aussi, quand on veut les prendre à l'hameçon où on a attaché quelque insecte ou quelque morceau de viande, faut-il imprimer à l'amorce un mouvement continuel ; bientôt la grenouille qui l'a aperçue s'élance, l'engloutit, et, victime de sa voracité, tombe au pouvoir du pêcheur. Les grenouilles mangent aussi une quantité de limaçons très funestes aux plantes, et ainsi elles peuvent rendre à la culture un service signalé. Elles nous fournissent encore un aliment délicat ; c'est pourquoi, malgré l'innocence de leurs mœurs, on leur fait à chaque printemps une guerre impitoyable.

Mais la fécondité des grenouilles conserve l'espèce aussi nombreuse malgré le grand nombre d'ennemis qui l'entourent. Elles sont quelquefois si multipliées que l'été, après une pluie chaude et abondante qui les fait sortir de leur retraite, elles se répandent dans les campagnes par milliers. Ces apparitions ont fait croire à l'existence des pluies de grenouilles, que les savants ont longtemps traitées de contes absurdes ; mais cependant si elles ne sont pas la cause ordinaire de la présence subite d'une multitude de grenouilles, il paraît certain qu'elles ont eu lieu quelquefois ; alors il faudrait admettre que ces animaux auraient été transportés par quelque coup de vent pour retomber ailleurs du haut des airs.

Les grenouilles s'appellent et se font reconnaître entre elles par un cri très fort que l'on appelle coassement ; le bruit qu'elles font quand elles sont en grand nombre, est quelquefois insupportable. Aussi pendant le régime féodal, temps où les châteaux étaient entourés de fossés dont l'eau stagnante attirait une foule de grenouilles, il était ordonné aux paysans de battre l'eau soir et matin, pour faire taire les incommodes voisins, pendant le sommeil de la châtelaine.

La raine verte ou rainette est plus svelte et plus gracieuse encore que la grenouille. Elle semble dédaigner de sauter comme elle sur la terre , c'est au milieu des oiseaux, au sommet des arbres, qu'elle aime à fixer son séjour ; aussi avec quel soin la Providence l'a organisée pour cette vie aérienne ! Elle lui a donné des pattes si longues et si souples , que la rainette saute au milieu des branches avec presque autant de légèreté que l'oiseau voltige ; elle a garni ses pattes de petites pelotes tellement visqueuses , que l'animal n'a qu'à se poser sur la branche la plus unie , et même à la surface inférieure des feuilles, pour s'y attacher de manière à ne pas tomber, même quand le vent agite les branches ; on dit même qu'elle peut rendre ces pelotes concaves , et former ainsi un vide qui la fait adhérer plus fortement à la surface contre laquelle elle s'applique. Aussi la voit-on prendre des positions vraiment étonnantes et se laisser balancer avec sécurité au-dessus d'un abîme , suspendue comme par prodige à un rameau tremblant où rien ne semble la retenir. Enfin la rainette est d'une couleur verdâtre parfaitement analogue à celle du feuillage , qui la dérobe aisément aux regards des oiseaux de proie , avides de sa chair délicate.

Pendant l'été, les rainettes, cachées durant le jour, sortent au crépuscule pour faire aux insectes une chasse active; elles s'élancent de loin sur ceux qu'elles aperçoivent, ne les manquent jamais, et les retiennent avec leur langue gluante comme celle des grenouilles. Rarement elles descendent des arbres pendant la belle saison, mais au premier printemps on y chercherait vainement un seul de ces animaux. Un instinct plus fort que leurs goûts ordinaires, l'instinct maternel que le Créateur fait briller sous tant de formes dans la nature, les arrache à toutes leurs habitudes : leurs petits ne peuvent se développer qu'au sein des eaux ; les rainettes ne déposeront pas leurs œufs au hasard, elles se rapprochent des marais qu'elles ont quittés depuis longtemps, et à peine ont-elles rempli la plus importante fonction de leur vie, qu'elles retournent à leurs bois, où les jeunes raines, après avoir subi leur métamorphose, viendront bientôt les rejoindre.

A côté des grenouilles et des rainettes si propres, si lestes, si élégantes, les crapauds semblent la personnification de la saleté et de la laideur. Leur peau terne et dégoûtante, leur forme ramassée et lourde, leur démarche pénible, leur vie obscure, ont fait regarder ces animaux comme le rebut de la nature. Le crapaud, cependant, est destiné à y jouer son rôle, utile sans doute, et important même, puisqu'il y est prodigieusement répandu ; c'est lui peut-être qui détruit le plus grand nombre d'insectes nuisibles, et c'est là déjà un bienfait ; c'est un motif qui doit lui mériter quelque indulgence, et sans voir avec plaisir un être difforme, nous le verrons du moins sans crainte et sans horreur, si nous savons que beaucoup d'expériences ont prouvé que ce venin du crapaud, dont on a tant publié les terribles effets, ne peut en réalité causer aucun inconvénient, ou ne produirait tout au plus dans certain cas qu'une indisposition très légère.

Sans que nous ayons besoin de poursuivre cet animal, dont la vie au reste ne saurait nous être nuisible, une foule d'oiseaux et de quadrupèdes se chargent d'en restreindre le nombre. Le crapaud est si loin de posséder ce magique pouvoir de *charmer*, qui lui avait fait trouver place dans tous les enchantements des sorciers d'autrefois, qu'il ne sait même pas se défendre contre ses ennemis. Les serpents, les renards, les cigognes, les vautours, en détruisent une multitude. A toutes les attaques, les crapauds n'opposent qu'une force étonnante d'inertie quand la fuite leur est devenue impossible, ils s'arrêtent alors subitement, enflent leur corps, le rendent assez dur et assez élastique pour résister à des coups violents, endurent, sans paraître les sentir, de cruelles blessures, et enfin parviennent quelquefois à dégoûter leur ennemi en laissant suinter de tout leur corps une humeur blanchâtre et fétide, et en lançant une liqueur âcre et caustique, qui n'est point aussi dangereuse qu'on l'a prétendu.

La vie des crapauds est extrêmement tenace. Ils peuvent vivre très longtemps, non seulement sans manger, mais privés d'air totalement. On a recueilli à ce sujet des faits très constants et très curieux : on en a trouvé plusieurs dans des murs, des arbres creux, des trous dont ils n'avaient pu sortir depuis très longtemps, et cependant pleins de vie. En 1777, un savant présenta à l'Académie des Sciences trois boîtes scellées dans du plâtre, qui contenaient chacune un crapaud. Dix-huit mois après, un seul des crapauds était mort.

M. le docteur Edwards a répété ces expériences d'une manière entièrement concluante, en ensevelissant des crapauds dans le plâtre même, où ils ont vécu fort longtemps. Ce serait cependant une erreur de croire qu'ils puissent se passer d'air absolument, et former ainsi un être à part dans le règne animal. Le plâtre sec laisse pénétrer une petite quantité d'air, et si on plonge ce plâtre dans l'eau, l'air étant intercepté, le crapaud périt en peu de temps.

Le crapaud sans doute ne présente pas un être de mœurs fort sociables ; cependant il peut s'apprivoiser, et l'on en a un exemple fort curieux, qui prouve en même temps combien la domesticité peut influer sur l'animal le plus sauvage. « Un « crapaud, nourri et élevé depuis longtemps dans « une maison, y était devenu tout à fait familier ; « comme la lumière des bougies avait été con- « stamment le signal du moment où il allait rece- « voir sa nourriture, il s'était habitué à la voir « avec plaisir. Il habitait sous un escalier qui était « devant la porte de la maison ; il paraissait tous « les soirs au moment où il apercevait de la lu- « mière ; il levait les yeux comme s'il eût attendu « qu'on le prît et qu'on le portât sur une table où « il trouvait des insectes, des cloportes, et surtout « de petits vers qu'il préférait peut-être, à cause « de leur agitation continuelle. Il regardait fixe- « ment sa proie ; tout d'un coup il lançait sa langue « avec rapidité, et les insectes ou les vers y de- « meuraient attachés, à cause de l'humeur vis- « queuse dont l'extrémité de cette langue était « enduite.

« Comme on ne lui avait jamais fait de mal, il
« ne s'irritait pas quand on le touchait ; il devint
« l'objet d'une curiosité universelle , et les dames
« mêmes voulaient voir le crapaud familier.

« Il vécut plus de trente-six ans dans cette
« espèce de domesticité, et atteignit des dimensions
« énormes ; il aurait vécu plus longtemps sans
« doute, si un corbeau, apprivoisé comme lui, ne
« l'eût attaqué à l'entrée de son trou, et ne lui
« eût crevé un œil. Dès lors le crapeau ne put
« plus attraper sa proie avec la même facilité,
« parce qu'il ne pouvait juger avec autant de jus-
« tesse de sa véritable place. Il périt de langueur
« au bout d'un an. »

Un crapaud de la Guyane, le Pipa, beaucoup
plus gros que le crapaud ordinaire, est tellement
hideux que peut-être parmi tous les reptiles il
n'en est pas un seul qui ait un aspect aussi repoussant ; il présente cependant à l'observateur un
phénomène plein d'intérêt. Il n'abandonne pas
comme les autres Batraciens sa progéniture avant
qu'elle ne soit éclose ; il a l'intinct de la protéger
longtemps, et la Providence, pour lui en donner les
moyens, l'a l'organisé d'une manière tout à fait
particulière. Le mâle, aussitôt que les œufs sont
pondus, les étend avec ses pattes sur le dos de la
femelle où ils se collent. Bientôt la peau se gonfle,
se soulève, forme autour d'eux de petites cellules
qui s'agrandissent peu à peu et finissent par les
enfermer complètement. La mère, qui habite alors
les eaux des marais, y promène quelque temps ces
petits quand ils sont éclos. C'est un spectacle étrange
que de voir tous ces petits animaux montrant leur

tête à l'ouverture des cellules qui couvrent le corps de leur mère et les cachant au moindre danger; ils ne quittent cet asile naturel que lorsqu'ils sont en état de se mouvoir avec facilité; la mère alors se frotte contre quelque corps solide pour se débarrasser d'un épiderme devenu inutile, et reparaît à l'état ordinaire sur les rives humides qu'elle a coutume de fréquenter.

Que de fables on a publié sur la Salamandre! quel animal a joui d'une plus grande réputation dans les temps anciens : Fille du feu, disait-on, elle brave ce terrible élément, elle se joue au milieu des flammes, elle peut les éteindre sans peine; et un seul de ces animaux arrête les progrès du plus violent incendie. La salamandre est le plus brillant emblème de l'amour, de la valeur. Son nom figure dans les devises galantes, ses formes élégantes dans les gracieux emblèmes.

Qu'est-ce donc que la salamandre?

Tous les auteurs qui l'ont ainsi préconisée ne l'ont pas connue. Cet animal, qui semble la preuve vivante de l'excès où peut se laisser aller une imagination trompée, la salamandre, en dépit de tous ses magnifiques attributs, n'est qu'un reptile à peu près aussi hideux que le crapaud. De toutes les magiques propriétés qu'on lui a données, il n'en existe aucune : le feu la consume aussi vite que tous les animaux ; sa vie est obscure et triste ; sa forme est lourde et ses couleurs livides ; elle paraît sourde et muette, et elle ressemble un peu au lézard qui aurait perdu sa peau écailleuse.

Le Triton, ou Salamandre aquatique, que l'on appelle vulgairement lézard d'eau, est moins dis-

gracié de la nature que la salamandre terrestre ;
aussi innocent qu'elle, malgré les préjugés qui ont
remplacé son ancienne renommée. Le corps du
triton est fort délicat, et il vit dans un élément où

FIGURE 10.

Triton à crête

une foule de poissons, d'insectes mêmes , peuvent
lui faire de dangereuses blessures : aussi ses membres jouissent-ils d'une force étonnante de reproduction ; des expériences nombreuses ont constaté
que ses pattes et sa queue , entièrement coupées,
renaissent en un temps assez court ; ainsi elle retrouve par cette merveille de son organisation des
organes dont la perte , en paralysant ses mouvements, aurait causé bientôt sa mort. Comment donc

6

expliquer cette admirable prévoyance qui à chaque être vivant fournit des ressources si variées et si sûres contre les dangers qui les menacent, si l'on veut que le hasard préside aux phénomènes de ce vaste univers!

DEUXIÈME PARTIE.

POISSONS.

CHAPITRE PRÉLIMINAIRE.

Les Poissons ne nous offriront pas toujours des mœurs aussi variées, des spectacles aussi intéressants que les animaux terrestres ; de l'uniformité de leur conformation, il résulte quelque uniformité dans leur existence. Cependant nous retrouverons encore parmi eux, tantôt les êtres innocents et paisibles qui se jouent dans le cristal des ondes, pour les animer et les embellir, tantôt les animaux féroces, carnassiers, qui font du sein des mers un théâtre de guerre et de destruction ; dans ces luttes nous retrouverons encore et l'énergie de l'attaque et l'adresse de la défense ainsi que mille ressources accordées pour la conservation de ces espèces ; nous verrons dans les poissons des êtres destinés à jouer un rôle d'une haute importance dans le système de la nature. Ce sont eux, en effet, qui dans les abîmes, où on croirait qu'ils se multiplient sans utilité et sans but, ce sont eux que le Créateur a destinés à préserver de la corruption les grandes masses d'eau qui, malgré leur immensité, seraient viciées sans doute par la décomposition de tous les corps organisés qui s'y engloutissent, si les innombrables phalanges des poissons n'absorbaient à chaque instant tous ces débris. Pour les rendre capables de cette tâche importante, la Providence leur a ôté presque entièrement le sens du goût, afin qu'indifférents sur le choix de leur nourriture, ils n'épargnent dans leur voracité rien de ce qui pourrait corrompre la pureté des eaux. Enfin, par rapport à l'homme qui a reçu le droit de plier toute la nature à son usage, les poissons sont une source d'incalculables avantages, puisque à eux seuls ils fournissent des aliments à une grande partie de l'espèce humaine. La sécheresse peut détruire nos moissons, les orages et les frimas anéantir nos fruits, l'épidémie décimer nos troupeaux, il n'est ni famine, ni contagion, qui dépeuple la mer, qui nous prive des impérissables ressources que nous tirons de son sein.

Les poissons, destinés à habiter les eaux, se distinguent de tous les autres vertébrés par leur organisation, que le Créateur a adaptée admirablement à leur genre de vie. Leur corps est allongé, plat, en général, et pointu aux extrémités pour fendre l'eau avec plus de facilité. Il porte des nageoires disposées de différentes manières, à l'extrémité et sur les côtés du corps, qui le lancent avec force à travers les ondes. Le poisson nage avec une égale facilité dans toutes les directions.

Quand il veut avancer directement devant lui, il ploie sa queue en S, étend ses nageoires du dos et du ventre, puis déploie sa queue avec une extrême vitesse ; l'eau ébranlée par ce mouvement résiste un instant et, repoussant le mobile animal qui se dirige au moyen de ses nageoires latérales, le lance avec d'autant plus de rapidité que sa queue redevenue droite n'offre plus au liquide aucun obstacle qui puisse ralentir la vitesse imprimée à sa course. Les mouvements de la queue, répétés à droite et à gauche, portent cette vitesse à un point extraordinaire : mais ce n'est pas tout ; le poisson sait varier adroitement l'action de cette rame flexible, la replier, la débander comme un ressort, frapper l'eau avec plus de force, tantôt d'un côté, tantôt de l'autre, et ainsi se diriger à droite, à gauche, faire mille tours et détours avec une incroyable rapidité ; descendre, s'élever, descendre encore et s'élancer avec force, remonter les cascades comme un trait et sauter dans l'air à quelque distance de la surface liquide.

L'action des nageoires est tellement naturelle aux poissons qu'ils se meuvent pendant un long espace de temps sans que la rapidité de leur course diminue ; sans qu'ils paraissent éprouver la moindre fatigue. Souvent des requins accompagnent un bâtiment d'Europe en Amérique, en faisant mille circuits pendant le voyage, et quittant le bâtiment avec la promptitude de l'éclair quand il arrive au port. Le saumon atteindrait avant l'aigle un but situé à une grande distance ; il parcourt quatre-vingt mille pieds par heure, et peut soutenir une course aussi rapide des journées entières : en quelques semaines il ferait le tour du monde. Nous voyons souvent avec surprise les poissons se tenir immobiles dans l'eau à toutes les hauteurs, sans faire cependant de mouvements sensibles ; c'est qu'ils ont la faculté de donner à leur corps une pesanteur spécifique parfaitement égale à celle du liquide où ils se trouvent. Cette faculté, inestimable bienfait de la Providence, tient à la présence d'une vessie natatoire, dont la plupart des poissons sont pourvus. C'est une grande poche placée à l'intérieur du corps, et que le poisson peut remplir d'un gaz particulier sans que la vessie communique en aucune façon avec l'atmosphère. Au moyen de cette vessie qu'ils étendent ou resserrent à leur gré, ils peuvent se rendre plus légers, plus lourds, et aussi pesants que l'eau. Quand le poisson resserre ses côtes, l'air enfermé dans la vessie est condensé, le poisson diminue de volume, devient plus lourd à proportion de l'espace qu'il occupe, et s'enfonce. Étend-il ses côtes, la vessie s'élargit, l'air se dilate, le volume du poisson augmente, et devient plus léger et s'élève vers la surface. Cette vessie n'existe que chez les poissons à qui elle est utile. Ceux qui passent leur vie dans la vase au fond des eaux en sont privés.

Ce qui sépare la classe des poissons de tous les autres vertébrés, c'est leur mode de respiration qui ne se retrouve que dans quelques reptiles. Au lieu de poumons, les poissons ont des branchies, appelées vulgairement ouïes, situées des deux côtés du cou, communiquant d'une part, à la bouche par une ouverture intérieure, de l'autre, recouvert ordinairement d'une plaque écailleuse et mobile, qu'on appelle opercule, et qui se soulève ou se ferme selon les besoins de l'animal. Cet appareil respiratoire, d'une immense utilité, puisqu'il dispense les poissons de s'élever incessamment du fond des mers pour venir respirer à la surface, est composé d'un certain nombre de lames charnues, dont la surface est tapissée d'une multitude innombrable de petites vessies. L'eau que le poisson avale va baigner ces branchies ; en pénétrant par l'orifice ouvert au fond de la bouche, elle laisse échapper l'air qu'elle tient en dissolution et qui est destiné à vivifier le sang qui vient se soumettre à son action. A mesure que l'air s'épuise, l'eau qui l'a fourni s'écoule par les opercules qui s'entr'ouvrent, et fait place à une nouvelle quantité d'eau qui sera chassée de même. Les branchies, pour agir, ont besoin d'être humides, c'est pour cela que les poissons ne peuvent vivre longtemps dans l'atmosphère, et qu'ils y meurent étouffés, quoique l'air y soit infiniment plus abondant qu'au sein des eaux ; c'est pour cela aussi que l'on conserve des carpes vivantes fort longtemps dans de la mousse mouillée, tandis qu'elles mourraient bientôt si on les plongeait dans une eau où l'air ne saurait se renouveler.

D'après la structure des arêtes qui forment le squelette des poissons, et qui, tantôt sont solides comme des os, tantôt n'ont que la consistance des cartilages, les poissons sont divisés en deux grandes sections : Poissons osseux, Poissons cartilagineux.

CHAPITRE PREMIER.

POISSONS OSSEUX.

Qui n'aime à voir, sur les bords d'un étang, les évolutions rapides, les sauts légers, les jeux et les chasses de ces poissons qui se cherchent, se poursuivent, se fuient tour à tour, vont, viennent et reviennent, tantôt fendant les eaux comme un trait, tantôt s'abandonnant mollement au courant qui les entraîne? Parmi ces gracieux habitants des eaux, il en est peu qui aient les couleurs plus agréables, les formes plus sveltes, les mouvements plus aisés que la perche commune. La couleur émeraude de ses écailles, nuancée de violet et de noir, étincelante d'or, se marie à la pourpre de ses nageoires; on dirait qu'elle veut faire parade de ce vêtement splendide, car on la voit sans cesse à la surface, et souvent elle s'élance dans les airs pour saisir les insectes qui volent à sa portée. Elle nage avec rapidité comme le brochet, mais, moins vo-

race que lui, elle ne se nourrit guère que de vers,
de tritons, de petites grenouilles. C'est à défaut de

Perche.

ces aliments qu'elle attaque les poissons, encore
évite-t-elle les espèces capables de lui résister ; mais
les plus faibles ne lui sont pas toujours livrées sans
défense. L'épinoche, le plus petit de nos poissons
de rivière, parvient quelquefois par ses rapides
mouvements à échapper à sa poursuite ; est-il saisi,
tout à coup il relève ses nageoires dont les rayons
durs et aigus s'enfoncent dans le palais de son ennemi, l'empêchent de fermer la bouche, et la font
quelquefois mourir de faim. La perche a reçu elle-
même une arme semblable contre les poissons plus
forts qu'elle : plusieurs rayons de ses nageoires sont
autant de dards aigus, et il est rare que le brochet
lui-même ose l'attaquer quand elle déploie ce formidable appareil. Il n'y a guère que les oiseaux
d'eau et les plus grosses anguilles qui osent en faire
leur proie. La Providence semble la conserver pour
l'usage de l'homme, auquel elle fournit un aliment

aussi sain qu'agréable. On prend la perche avec différentes espèces de filets, mais surtout à l'hameçon qu'elle mord sans défiance. Dans les contrées septentrionales, où les ressources sont si rares, les perches, qui s'y multiplient beaucoup et atteignent une taille considérable, sont une immense ressource ménagée par le Créateur aux peuples de la Laponie. Sa chair leur fournit leur plus succulente nourriture, et de sa peau ils tirent une colle de poisson qu'ils emploient pour entretenir la souplesse de leurs arcs, ou qu'ils vendent aux navigateurs. Les perches, qui n'habitent que les eaux douces, sont remplacées dans les mers par les vives, poissons brillants, légers, vifs comme elles, comme elles d'une excellente saveur, munies enfin d'armes plus fortes encore et plus redoutables : il leur fallait plus de secours dans ces vastes abîmes où ils sont entourés de tant d'ennemis. Leurs nageoires, leurs opercules mêmes, sont garnis d'épines longues et acérées, dont elles se servent avec assez d'adresse pour faire des blessures dangereuses, et se faire craindre même des pêcheurs. Aussi a-t-on grand soin de leur enlever ces dards aussitôt qu'on s'en est rendu maître ; car la vive peut vivre quelque temps hors de l'eau, et quelquefois, quand on la croit morte, elle peut encore redresser soudain ses nageoires, et blesser cruellement l'imprudent qui la saisit sans défiance.

Les mers sont le théâtre de luttes continuelles ; sans cesse le poisson vorace et puissant poursuit sa proie ; sans cesse les faibles s'efforcent de fuir quand ils ne peuvent se défendre, et cherchent à échapper à la force par l'adresse et la ruse. Autant le Créateur a multiplié les moyens d'attaque , autant il a multiplié les moyens de défense. Plusieurs espèces, entourées de dangers au sein des eaux , s'élancent dans l'atmosphère, et vont chercher dans le domaine des oiseaux un asile que leur refuse leur humide patrie ; plusieurs poissons ont des ailes , et traversent légèrement l'espace aux yeux des spectateurs étonnés.

Le Dactyloptère, ou poisson volant, a reçu des

FIGURE 12.

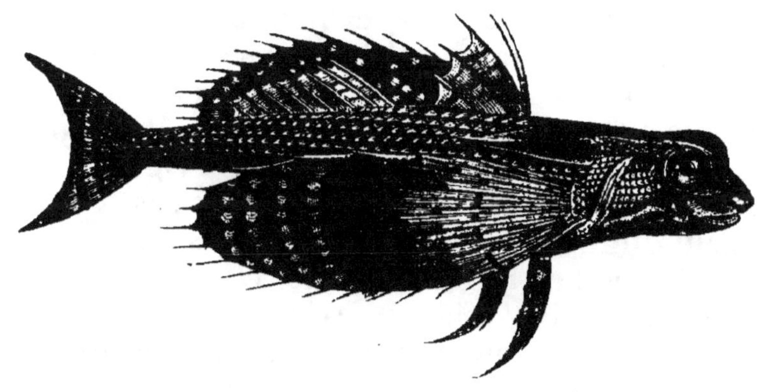

Le Dactyloptère.

nageoires excessivement longues , qui lui servent à fendre l'air comme à traverser les eaux. Un requin , attiré par l'éclat de leurs couleurs , apparaît-il au milieu d'une troupe paisible de dactyloptères , tout à coup tous s'élancent avec bruit ; la légère phalange , agitant ses membranes étincelantes , s'avance quelques moments en rasant la surface des eaux , et c'est un charmant spectacle que de voir mille poissons ensemble quelquefois faire étinceler au soleil leurs brillantes écailles. La forme de leurs nageoires et celle de leur queue leur donnent quelque ressemblance avec l'hirondelle , aussi les matelots leur en ont-ils donné le nom. Dans les ténèbres , ils répandent une lueur phosphorique , et leur passage est marqué en sillons de feu. Les dactyloptères traversent aisément un espace de trente à quarante mètres , et sans doute ils prolongeraient leur vol bien davantage si leurs membranes pouvaient conserver dans l'air toute la souplesse nécessaire. Mais la rapidité même du mouvement et l'agitation de l'air les ont bientôt séchées , et alors le poisson doit se replonger dans l'eau , ou , malgré ses efforts , il y retombe bientôt. Mais l'onde réparatrice lui rend sur-le-champ sa vigueur, son agilité, et , si l'ennemi qu'il fuyait n'a pas disparu, il peut quitter l'onde encore une fois, et fournir une nouvelle carrière. Quoique ce poisson semble avoir un double asile, il arrive souvent qu'il ne trouve de sûreté nulle part. Souvent il échappe au danger, mais souvent aussi il y retombe , et quelquefois il ne fuit un ennemi que pour en rencontrer un autre. Les airs où il s'élance sont le domaine des frégates , des phaétons , des goélands , de tous les rapides oiseaux de mer , que leur vol puissant emporte loin des terres à des distances prodigieuses et dont le regard perçant plane au loin sur les eaux pour y découvrir une proie. A peine la bande des poissons volants a-t-elle paru au dessus des flots, que plusieurs oiseaux fondent sur eux avec la rapidité de la foudre ; tous à la hâte se replongent sous les flots, et le pirate ailé qui les poursuivait les redemanderait en vain à l'abîme, mais souvent, le poisson redoutable dont la poursuite avait épouvanté nos dactyloptères les a suivis à la nage, aussi rapide qu'ils le sont dans leur vol ; il les attend, et les engloutit au moment de leur chute ; c'est alors que quelques uns voudraient encore se confier à leurs ailes ; mais l'oiseau de rapine les attend encore, et, dans son vol impétueux, il a tout à la fois atteint, saisi, emporté sa victime.

Il arrive souvent aussi que les poissons volants, passant sur nos vaisseaux, tombent en grand nombre sur le pont où il est aisé de les prendre à la main. Ces apparitions ont été quelquefois une ressource pour les marins, dans des moments où la disette de vivres se faisait sentir ; mais leur chair, sans avoir aucun goût désagréable, est peu estimée à cause de sa sécheresse et de sa dureté.

Nous l'avons fait remarquer souvent, les plus petits, les plus faibles animaux, paraissent avoir attiré plus particulièrement la touchante sollicitude du Créateur ; il semble s'être plu à entourer de soins et de précaution leur fragile existence. Ainsi l'épinoche, dont la taille n'égale pas en longueur la moitié de celle du goujon, n'a guère à redouter les attaques des autres poissons ; son extrême agilité le fait échapper à la poursuite du plus grand nombre, et l'on dit que, vivement pressé, il saute à près d'un pied hors de l'eau. Nous savons combien il est redoutable à la perche dont la rapidité est égale à la sienne. Quand on l'enferme dans un bocal avec des poissons beaucoup plus gros que lui,

il ose leur donner la chasse, et, à l'aide des piquants qui garnissent son dos, il vient souvent à
bout de les éventrer. Quoique les épinoches ne
pondent pas un grand nombre d'œufs, il n'est pas
étonnant qu'ils soient extrêmement communs dans
nos ruisseaux. A certaines époques, ils paraissent
en troupes innombrables, aux environs des marais
de Lincoln ; ils remontent les rivières en troupes si
nombreuses que l'on s'en sert pour nourrir les
porcs, pour faire de l'huile, et même pour fumer
les terres. Peut-être ces soudaines apparitions doi-
vent-elles être attribuées à la multiplication excessive des épinoches dans des cavités souterraines,
où il est constant que plusieurs poissons habitent ;
peut-être faut-il croire seulement que certaines circonstances favorisent d'une manière extraordinaire
la multiplication de ces petits animaux, et produisent parmi eux le même phénomène que parmi les
rats de Norwége, assez nombreux quelquefois pour
dévaster des provinces entières.

Les épinoches, avec leur petite taille, n'en ont
pas moins les mœurs fort belliqueuses ; ils attaquent
et dévorent une multitude de poissons sortis ré-
cemment de l'œuf, et même ils se livrent entre eux
des batailles fort acharnées ; un observateur a fait
connaître quelques détails de ces luttes fort curieuses malgré la faiblesse et la petitesse des combattants.

« Le vaisseau dans lequel je les tiens est d'or-
« dinaire une auge de bois de trois pieds de lon-
« gueur, deux de largeur et autant de profondeur.
« Lorsqu'ils y sont mis pour la première fois, et
« pendant une heure ou deux, on les voit nager

« en troupe, comme pour faire une reconnaissance
« de leur nouvelle habitation. Bientôt, dans le
« nombre, il s'en trouve un qui prétend s'ériger
« en maître de l'auge, et si quelque autre essaie
« de s'opposer à sa domination, il en résulte aus-
« sitôt un combat furieux. Les deux adversaires
« tournent rapidement l'un autour de l'autre, en
« essayant de se mordre, ou plus souvent encore
« de se percer de leur aiguillon latéral, qui, dans
« ces circonstances, est toujours tendu en travers.
« J'ai vu de ces batailles durer plusieurs minutes
« avant que la victoire ne se décidât : quand enfin
« l'un des deux combattants, se sentant le plus
« faible, commence à fuir, il est aussitôt poursuivi
« par l'autre avec un incroyable acharnement, et
« cette chasse ne cesse que quand les forces de
« tous deux sont entièrement épuisées. A ce mo-
« ment, il s'opère dans le vainqueur un change-
« ment fort remarquable : sa robe, qui était d'un
« vert sale et tacheté, se pare de brillantes cou-
« leurs ; le ventre et la gorge prennent une belle
« teinte cramoisie.

« J'ai vu quelquefois trois ou quatre parages de
« la cuve occupés par autant de ces petits tyrans
« qui gardaient leur territoire avec une telle vigi-
« lance que la moindre apparence d'envahissement
« de la part d'un autre poisson amenait invaria-
« blement un combat. L'épinoche, comme presque
« tous les autres animaux, ne se bat jamais mieux
« que sur son propre terrain ; aussi, dans presque
« tous les cas, l'envahisseur a le dessous ; si pour-
« tant il est vainqueur, il s'établit dans les do-
« maines du vaincu : celui-ci prend aussitôt un

« extérieur conforme à sa nouvelle fortune ; ses
« mouvements ont perdu presque toute leur viva-
« cité, et, sur sa robe, la pourpre et le vert bril-
« lant ont fait place à une teinte olivâtre et tachée.
« Au reste, cette humble apparence ne suffit pas
« pour calmer la colère du vainqueur qui, encore
« assez longtemps après, s'acharne à sa pour-
« suite.

« Ces habitudes ne se remarquent que dans les
« mâles : les femelles sont toutes d'un naturel paci-
« fique : presque toutes sont remarquables par une
« apparence d'embonpoint qui tient sans doute aux
« œufs dont leur corps est rempli ; d'ailleurs, à
« aucune époque de leur vie, elles n'offrent ces
« couleurs brillantes dont les mâles se parent à
« l'heure du combat et de la victoire.

« Les morsures que se font les deux rivaux sont
« quelquefois assez graves pour faire perdre la
« queue au blessé ; non que cette partie soit sépa-
« rée d'un seul coup, mais parce que la gangrène
« se déclare souvent autour de la plaie. Les bles-
« sures que font les épines sont plus dangereuses
« encore, et j'ai vu plusieurs fois dans ces batailles
« un des deux adversaires ouvrir largement le
« ventre de son ennemi qui tombait aussitôt au
« fond de la cuve et mourait bientôt après.

« On remarque quelquefois parmi les épinoches
« des individus de couleur noire ; ceux-là n'offrent
« pas des changements bien marqués dans leur
« extérieur, suivant leurs diverses fortunes. Cepen-
« dant au moment du combat, le noir de leur robe
« devient plus foncé. Ces épinoches nègres, en gé-
« néral, sont plus querelleurs que les autres, ou

« du moins combattent avec plus d'opiniâtreté. »

Que d'organisations variées, que de ressources nombreuses, que de scènes diverses le Créateur, prodigue de merveilles, a multipliées dans les retraites des mers! l'or et les pierreries tombent de sa main pour embellir la plus chétive de ses œuvres. Rien ne prouve mieux peut-être sa magnificence et sa grandeur que ces trésors accordés à profusion à des êtres à peine remarqués dans l'immense univers ; pourquoi s'est-il plu à orner de ces riches couleurs les habitants des ondes, à jamais confinés dans leurs humides demeures, si non pour nous montrer qu'il ne coûte pas davantage à son infinie bonté d'embellir le vêtement, de ciseler avec soin la parure du plus ignoble des êtres, qu'il n'en coûte à sa puissance de lancer des globes d'or et de feu dans l'espace.

Où trouver plus de grâce, d'élégance, d'éclat, que dans la dorade, le poisson célèbre dans toute l'antiquité pour sa beauté, autant que pour la délicatesse de sa chair. Ce poisson, dont toutes les langues rappellent les brillantes couleurs, la dorade est aussi bien favorisée sous les autres rapports : elle nage avec une extrême rapidité, et saute quelquefois à la surface en faisant étinceler l'azur, l'argent et l'or de sa robe ; elle est douée d'une telle force, qu'elle peut briser avec ses dents d'épaisses coquilles, pour dévorer le mollusque qu'elles renferment ; il arrive souvent qu'elle casse les hameçons d'acier, et qu'elle ploie les hameçons de fer ; pour trouver une proie plus abondante, elle remue la vase avec sa queue, et dévore ainsi facilement les coquillages qui y sont cachés. Répandue

7.

dans toutes les mers, elle s'y conserve, quoiqu'elle ne puisse pas résister aux froids violents ; quand la mauvaise saison approche, elle n'habite plus que les eaux les plus profondes, ne paraît jamais à la surface, et ainsi, même dans les mers glaciales, elle échappe à l'influence d'une température meurtrière.

Depuis longtemps les dorades sont recherchées par les pêcheurs. Elles sont plus grosses et plus savoureuses quand elles ont séjourné quelque temps dans les étangs salés près de la mer, où elles trouvent une nourriture extrêmement abondante ; aussi les Romains, à l'époque où la sensualité était en si grand honneur parmi eux, avaient-ils soin d'entretenir des dorades dans les lacs de l'Italie, et surtout dans le fameux lac Lucrin.

Pour les prendre sur les bords de l'Océan, on formait sur la grève que la haute mer devait couvrir une enceinte formée de rameaux plantés dans le sable. Les dorades arrivaient avec la marée ; et quand la mer baissait, les rameaux les empêchaient de suivre le reflux, et elles étaient bientôt à sec sur le rivage. Aujourd'hui on en prend avec des filets et des hameçons en grand nombre dans la Méditerranée, où elles pèsent quelquefois jusqu'à vingt livres.

Beaucoup plus petit que la dorade le bogue, habitant de la Méditerranée, n'est guère moins remarquable par ses belles couleurs et son instinct. Il se tient dans le voisinage des côtes où il trouve en abondance les plantes, les crabes et les coquilles dont il se nourrit ; mais il semble averti qu'il habite un lieu semé de piéges. La clarté du soleil l'exposerait à être vu dans une eau peu profonde ; il se tient caché dans la vase tout le jour, échappe ainsi aux recherches de ses ennemis aquatiques, aussi bien qu'à celles de l'homme; il ne sort que pendant les ténèbres, ou lorsque l'extrême agitation des flots rend la pêche impossible. Cependant quel animal est assez rusé pour échapper toujours à celui qui seul dans la création a reçu l'intelligence en partage? Souvent les pêcheurs, au moment du gros temps, quand les bogues croient pouvoir se montrer sans danger, leur jettent des appâts sans hameçon; le bogue s'enhardit peu à peu, attaque l'amorce inoffensive, mais il revient au temps calme, et alors un hameçon perfide est glissé sur l'appât qu'il ne craint plus, et il paie de la vie son imprudence.

Sans nous arrêter à la brillante tribu des squammipennes ou poissons à écailles, dont les évolutions offrent si souvent dans les mers du tropique de ravissants spectacles aux navigateurs charmés de l'éclat inimitable de leur parure, observons quelques instants, dans les eaux douces de l'Inde, un des plus petits poissons de ces lointains parages, mais aussi un des plus curieux. L'Archer, ainsi nommé à cause de l'adresse que le Créateur lui a donnée en partage, l'archer aime à nager sur le bord des rivières et des ruisseaux qu'il habite. Toujours il se tient près de la surface, observant les insectes qui se jouent dans l'air ou se suspendent aux herbes inclinées sur l'eau. En a-t-il aperçu quelqu'un à sa portée, il lui lance plusieurs gouttes d'eau qui l'entraînent dans l'eau où son ennemi l'attend la bouche béante. Rarement il manque son but, même à une distance de deux ou trois pieds, et il arrive souvent qu'au milieu des danses que beaucoup de moucherons forment au-dessus de l'eau, une pluie inattendue en précipite plusieurs dans l'abîme. Cette industrie a été remarquée dans tous les pays où l'archer se trouve. Les Chinois aiment à en conserver dans leurs appartements, pour leur voir exécuter sous leurs yeux leur petit manége.

A certaines époques de l'année, dans tous nos ports de mer, sur toutes nos côtes, une agitation soudaine se manifeste; partout les pêcheurs ont quitté leurs cabanes, leurs filets se déploient, les bateaux mettent à la voile, pour revenir bientôt chargés d'une proie abondante; la saison de la pêche est venue, la Providence a amené sur nos côtes des régions innombrables de poissons, qui viennent se livrer à l'homme, et lui fournir d'inépuisables ressources. Sur les côtes de la Méditerranée, ce sont les Thons qui reviennent périodiquement enrichir les habitants des côtes du produit des pêches toujours aussi abondantes.

Tout le monde connaît la saveur exquise du

FIGURE 13.

Le Thon.

thon ; c'est un gros poisson de huit à dix pieds de longueur, pesant parfois plus de deux cents livres, et répandu dans presque toutes les mers. Leurs bandes nombreuses traversent avec une rapidité extraordinaire des espaces considérables; et sur leur route elles font un véritable ravage parmi les habitants des eaux. Doués d'une merveilleuse agilité, ils poursuivent leur proie avec une ardeur infatigable, et dévorent une multitude de poissons, trop faibles pour leur résister, et incapables d'échapper à la rapidité de leur course. Mais aussi, par cette loi générale de l'univers, qui à chaque animal a donné ses ennemis, les thons attirent à leur tour les attaques des requins et des autres tyrans des mers, qui triomphent facilement de leur multitude ; cependant, ils ne sauraient diminuer d'une manière sensible les bandes innombrables de thons, et chaque année, ils paraissent périodiquement aux environs de Gibraltar, qui leur ouvre un passage dans la Méditerranée. Ils se divisent alors en deux troupes, l'une suit les côtes d'Afrique, l'autre remonte le long des rivages européens, et se répandent dans les mers d'Espagne, de France et d'Italie. Les voyages sont interrompus pendant la saison rigoureuse ; alors les thons se rassemblent dans les abîmes les plus profonds, et où la température éprouve peu de variation. Quand le temps s'est adouci, ils reparaissent à la surface; c'est alors qu'on les voit, avant de pénétrer dans nos mers, voguer par milliers dans l'immense Océan, où très-souvent il suivent les navires qui font la traversée d'Europe en Amérique. Autour des vaisseaux ils trouvent leur nourriture dans les débris que l'on jette à la mer, et fatigués par l'ardente lumière des rayons dévorants du soleil des tropiques, ils cherchent une ombre tutélaire à la suite des bâtiments ; une escadre leur fournit un abri flottant, et remplace pour eux les rivages escarpés, les roches pendantes sur les ondes.

Depuis longtemps on a étudié les habitudes des thons, pour leur faire la guerre avec avantage et les faire tomber dans les piéges. Il est peu de poissons dont la pêche ait autant excité les efforts de l'industrie humaine. Les plus pauvres pêcheurs, pour les prendre à la ligne, profitent de l'avidité connue des thons pour les maquereaux et les sardines ; ils attachent à leurs barques des cordes portant des hameçons garnis d'une figure de toile représentant grossièrement le poisson que les thons préfèrent, et il est rare qu'ils n'en ramènent pas un grand nombre au rivage. Les pêches au filet exigent plus d'appareil, mais aussi elles sont bien plus productives. Pour arrêter les poissons au moment où ils suivent les côtes, d'après leur constante habitude, on tend un immense filet d'environ deux cent cinquante brasses, maintenu par de grandes pièces de liége, qui flottent à la surface. Quand les thons rencontrent le filet, ils le suivent dans toute sa longueur, et sont ainsi conduits insensiblement vers la côte ; mais, à l'extrémité, le filet leur ferme le passage : en vain ils voudraient retourner en arrière, la bande, pressée dans une eau peu profonde, s'épouvante, s'agite, se précipite aveuglément devant elle, et un grand nombre demeurent embarrassés dans les mailles du filet.

La plus célèbre pêche du thon est la pêche à la

madrague, qui exige d'immenses préparatifs, mais aussi rapporte d'immenses profits. Il faut exécuter dans la mer, avec des cloisons et des filets, des parcs entiers, des appartements, des chambres, retenus par des ancres, des lests de pierre, des flottes de liége. Cette pêche est la plus savante et la plus curieuse de toutes celles que l'on a mises en œuvre jusqu'à présent. La madrague est destinée à prendre des troupes entières de thons, au moment où ils quittent le rivage pour regagner la pleine mer. Dans ce but, entre la rive et la plus grande enceinte, on établit un long filet appelé allée de chasse, qui doit faire passer les poissons de chambre en chambre, jusqu'à la dernière que l'on appelle chambre de la mort; quelquefois la troupe hésite et paraît prête à se disperser, alors deux bateaux arrivent et tendent derrière elle un filet en demi-cercle qui lui coupe la retraite ; les thons, pressés de toute part, franchissent le fatal passage, et se précipitent dans l'enceinte d'où ils ne doivent plus sortir. Aussitôt, en effet, plusieurs barques s'approchent, soulèvent les filets, et les ramènent vers le rivage. Cette pêche, que Joseph Vernet a représentée admirablement dans un tableau célèbre, est une fête pour la Provence : des fanfares accompagnent l'arrivée des thons captifs sur la plage , et une foule nombreuse se presse autour des pêcheurs, pour voir quelques hommes luttant au bord de l'eau contre sept à huit cents poissons énormes, et parvenant à grande peine à se rendre maîtres de la troupe turbulente, au milieu de ses efforts désespérés pour rompre l'enceinte et regagner la haute mer.

Quoique beaucoup plus petits que les thons, les Maqueraux, bien plus nombreux et aussi b'en appréciés, se rapprochent beaucoup de ces poissons par leur forme, leurs habitudes, la délicatesse de leur chair ; comme les thons, ils vont en troupes quelquefois innombrables ; comme eux, ils sont d'une

FIGURE 14.

Le Maquereau.

voracité telle, que, malgré leur faiblesse individuelle, ils osent se jeter en foule sur des poissons beaucoup plus grands qu'eux, attaquent même les pêcheurs, et l'on a plusieurs exemples de matelots, accablés et noyés par une multitude de maquereaux qui les avaient assaillis à la fois. Comme les thons, enfin, ils sont un trésor pour les habitants de nos côtes ; ils sont pour eux l'un des présents les plus précieux de la Providence.

Les maquereaux ont passé tout l'hiver au fond des mers qu'ils fréquentent, la tête enfoncée dans la vase, et plongés dans un engourdissement profond ; ils se rassemblent encore sur le sable des petits lacs en telles quantités, que leurs queues redressées, hérissant le sol de toutes parts, lui donnent l'apparence d'écueils d'une nature extraordinaire. Ils

quittent leur retraite au commencement du printemps, et c'est alors que paraissent les armées innombrables qui viennent visiter périodiquement
nos côtes. Leur pêche, qui se fait ordinairement du
mois d'avril au mois de juillet, est en beaucoup
d'endroits un objet d'industrie nationale. Sur les
côtes occidentales de l'Angleterre, les pêcheurs
choisissent le moment où souffle un vent de mer
qu'ils appellent vent des maquereaux, et qui en
effet pousse les poissons près du rivage ; ils attachent
alors l'extrémité d'un grand filet à un pieu solide-
ment fixé sur la plage, et, amarrant l'autre bout à
leur bateau, ils lui font faire un demi-cercle, en
le traînant vers le rivage, où ils ramènent souvent
quatre ou cinq cents maquereaux à la fois.

On a remarqué que la lumière attirait ces poissons, et qu'ils aimaient à se jouer autour des bâtiments éclairés pendant la nuit ; c'est un moyen sûr
de les faire tomber sans peine dans les filets. Les
pêcheurs se dispersent sur la mer à la nuit tom-
bante, et allument un brillant fanal au milieu
d'une enceinte de filets. Les maquereaux s'élancent à l'envi vers le fanal trompeur, et se jettent
eux-mêmes dans le piége.

Les maquereaux, communs sur nos marchés à
certaines époques, sont surtout extrêmement abondants sur ceux d'Angleterre ; on les sale par milliers,
pour servir l'hiver à la nourriture des classes pauvres, à qui ils offrent une ressource précieuse,
après avoir occupé pendant l'été une foule de pêcheurs.

Un des géants de la mer, un des animaux qui
sans doute ont l'aspect le plus terrible, c'est l'Espa-

FIGURE 15.

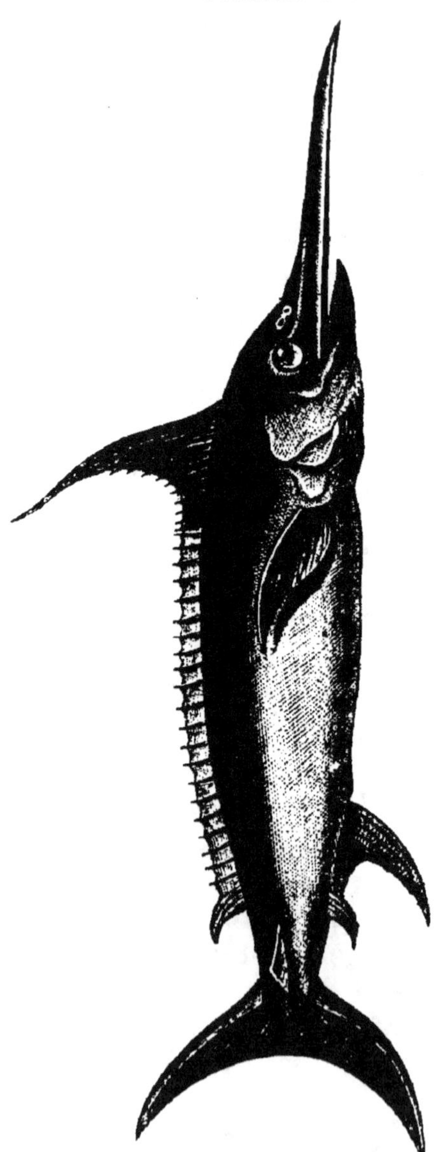

L'Espadon.

don, qui atteint quelquefois quinze à vingt pieds de longueur et porte à la tête une épée tranchante. Sa grande taille l'a fait confondre souvent avec les cétacées, son arme a pu le faire redouter autant que le requin; et cependant cet animal est la preuve que la force ne s'allie pas toujours à la férocité : agile, courageux, infatigable, il ne se sert de tous ses avantages que pour se défendre; il n'aime pas la dévastation et le carnage; et sans abuser de sa puissance, il nage souvent, paisible et inoffensif, au milieu des plus faibles habitants des mers; ordinairement, il se contente pour sa nourriture d'algues et d'autres plantes marines. Par une exception bien rare dans la classe des poissons, il semble susceptible d'affections vives et durables; on rencontre presque toujours les espadons par paires; le mâle suit constamment sa femelle, se joue avec elle dans les flots, cherche avec elle sa nourriture. Malgré ses mœurs tranquilles, l'espadon montre au moment du danger que sa douceur n'est point de la timidité; les plus grands poissons n'oseraient l'attaquer, il lutte avec avantage contre les cétacées, et ordinairement le mâle et la femelle, réunissant leurs efforts, mettent en fuite les puissantes baleines. On dit même que sur les rivages peuplés de crocodiles, et que la présence de ces dangereux animaux rend à peu près inhabitables, l'espadon, chargé par la Providence de venir au secours de l'homme, attaque les plus grands crocodiles, sans craindre leurs redoutables morsures. Ils nagent avec agilité autour de leur ennemi, plongent au-dessous de lui, et se relevant avec vigueur, enfoncent leur épée dans le ventre du crocodile, à l'endroit où sa cuirasse offre moins de résistance.

Le fait suivant donnera une idée de la force de cette épée. En 1848, il arriva à Liverpool un navire, revenant d'un voyage à la côte d'Afrique. Ce navire ayant été placé dans le bassin pour quelques réparations, on découvrit avec étonnement qu'il était percé vers la proue par un corps dur de la consistance d'un os. Ce corps était un fragment de l'épée d'un espadon, qui avait percé une des feuilles de cuivre dont le bâtiment était doublé, une planche de chêne de deux pouces et demi d'épaisseur, un madrier de sept pouces et demi, et enfin une autre planche également de chêne; la longueur de ce fragment était de quinze pouces, et le plus grand diamètre de deux pouces et demi. Combien, avec une telle puissance, cet animal serait redoutable à l'homme, s'il tournait contre lui cette arme irrésistible!

Grâces, au contraire, à la douceur de ses mœurs, les pêcheurs le poursuivent sans crainte, pour s'emparer de sa chair, qui est d'un goût fort agréable. Sur certaines côtes de la Méditerranée, cette pêche est un des divertissements les plus recherchés. L'espadon aime à fréquenter surtout les parages de la Sicile; on les trouve en grand nombre dans le canal qui sépare le gouffre de Charybde du fameux rocher de Scylla que nos vaisseaux maintenant osent visiter sans crainte. C'est là que se réunissent ordinairement les pêcheurs. Un homme monte sur un rocher élevé, ou sur le mât d'un bâtiment à l'ancre, afin d'observer les évolutions des espadons, et annoncer leur approche. A son

signal, deux barques se détachent, et voguent vers
l'endroit indiqué; il est rare qu'ils rencontrent
un espadon, sans bientôt apercevoir sa femelle.
Chaque bateau se dirige vers l'un des poissons,
tandis qu'un harponneur placé à l'avant, se tient
le bras levé, prêt à percer l'animal, mais celui-ci
est vif et agile; ses bonds inattendus trompent
souvent le pêcheur, et bien des fois il retire son
harpon qui s'est inutilement plongé dans les flots :
enfin un coup a porté, et le fer a pénétré dans le
corps de l'espadon; il fuit avec vitesse, entraînant
le cordeau du harpon, qu'on laisse glisser sur une
poulie, car telle est encore la vigueur du poisson
blessé, que si quelque obstacle venait à arrêter la
corde, l'embarcation serait infailliblement submer-
gée; cependant l'espadon s'affaiblit peu à peu, à
mesure qu'il perd de son sang par sa blessure;
quand il ne fait plus de résistance, on le hisse dans
le bateau s'il est de petite taille; quand il est de
trop grande taille, on le traîne à la remorque jusqu'au rivage.

Ce moyen est à peu près le seul que l'on puisse
employer pour prendre l'espadon : si on tend des
filets pour l'envelopper, il s'agite avec fureur,
frappe à droite et à gauche avec son épée les liens
qui le retiennent, et brise en un instant les plus
fortes cordes.

La force et l'agilité suffisent à la plupart des
poissons pour attaquer et se défendre; aussi les
ressources de l'instinct ne paraissent leur avoir été
accordées que d'une manière très limitée. Ce n'est
pas, en général, aux puissants animaux que la
Providence a accordé la ruse; la ruse est le partage

des faibles ; mais elle n'est pas refusée à ceux des poissons que leur lourdeur exposerait à chercher vainement leur proie au milieu des légers animaux qui les entourent. La baudroie, poisson de mer d'une assez grande dimension, mais que sa conformation rend incapable de nager avec vitesse, sait tendre fort habilement des embuscades ; elle se cache dans la vase en se couvrant de plantes marines, ou se blottit derrière quelque saillie de rocher : alors elle met en jeu un instrument fort curieux, une véritable ligne à pêcher, que la Providence lui a donnée pour compenser amplement ce qui lui manque d'ailleurs : ce sont de petits barbillons, assez semblables à des vers, qui sont suspendus à sa mâchoire supérieure. Immobile dans son réduit, elle agite ces filaments dans tous les sens, devant sa gueule entr'ouverte ; les poissons, qui les prennent pour des insectes flottants, s'approchent, et s'élancent pour les saisir ; mais la baudroie les a reçus dans sa gueule béante qu'elle referme aussitôt pour engloutir sa victime. Qui aurait cru trouver, parmi les poissons eux-mêmes, des pêcheurs à la ligne ?

Nous arrivons à une classe de poissons moins remarquables qu'un grand nombre des précédents par leur taille, leurs couleurs, leur force, et par les particularités curieuses de leurs mœurs, mais aussi intéressants pour l'homme, auquel, pour la plupart, ils fournissent une excellente nourriture ; parmi eux nous trouverons les poissons si nombreux dans nos étangs et nos rivières, que nous pouvons nous procurer aussi frais, aussi abondants, pendant toutes les saisons de l'année ; parmi eux aussi nous étudierons ces espèces, bien plus nombreuses encore, dont la chair conservée est pour tant d'hommes d'une si inappréciable utilité.

Il n'est guère de poisson plus connu que la carpe vulgaire, répandue dans toutes les eaux douces des régions tempérées de l'Europe: Elle se multiplie indistinctement dans les étangs et dans les rivières, pourvu que le courant ne soit pas trop rapide.

FIGURE 16.

La Carpe.

Les carpes aiment surtout les mares où croissent en abondance les lentilles d'eau, dont les feuilles leur fournissent à la fois la nourriture et l'abri. Elles mangent encore les petits coquillages et les insectes qui vivent au fond de l'eau ; on les voit souvent s'élancer avec force au-dessus de la surface, et saisir adroitement les moucherons qui passent à leur portée. Dans les parages qui leur conviennent, les carpes multiplient prodigieusement ; à leur troisième année, elles sont en état de se reproduire, et dès lors, le nombre de leurs œufs s'accroît avec leur taille ; on aura une idée de leur fécondité quand on saura qu'une carpe d'une livre pond ordinairement deux cent trente mille œufs, et qu'une carpe de dix livres peut en produire sept cent mille ; et remarquons, en cette occasion , quelle sagesse éclate dans toutes les œuvres du Créateur. La carpe est un des poissons qui ont le plus d'ennemis pendant la première période de sa vie ; son frai peut être dévoré par les plus petits habitants des eaux douces ; les jeunes carpes sont poursuivies par une foule de poissons avides de leur chair ; les loutres et les brochets attaquent avec avantage les plus grosses carpes, et cependant l'espèce ne se détruit nulle part : c'est que la Providence a établi une admirable proportion entre la reproduction des animaux et les causes de destruction qui les entourent. Qu'on n'accuse donc jamais la Providence d'une vaine prodigalité ou d'une insoucieuse imprévoyance ; les actions opposées se balancent dans la nature, et nos poissons, que les uns auraient cru devoir envahir toutes les eaux douces, que les autres auraient craint de voir disparaître totalement, en les considérant dans les différentes phases de leur existence, se conservent dans un juste nombre pour remplir la place qui leur a été assignée parmi les êtres.

L'industrie humaine a cherché à répandre en tous lieux un poisson aussi utile, aussi facile à nourrir et à multiplier que la carpe. Dans le seizième siècle, les souverains de Danemark, d'Angleterre et de Prusse, l'introduisirent dans les fleuves et les étangs de leurs États ; maintenant encore, la Prusse en envoie un grand nombre peupler les viviers de la Suède.

Quoique les carpes soient de tous les poissons les moins délicats et les plus vivaces, cependant elles subissent, d'une manière très apparente, l'influence du climat, et leur taille, comme leur saveur, se ressent de la nature et de la température des eaux qu'elles habitent. Dans le nord de l'Europe, elles n'atteignent que de petites dimensions. Dans les eaux tout à fait stagnantes et échauffées par le soleil, leur taille, au contraire, se développe prodigieusement; mais, en même temps, leur chair contracte un goût de vase que n'ont jamais les carpes péchées dans une eau claire et courante. Elles saisissent dans les eaux des différences inappréciables pour nous, mais qui paraissent agir sur elles d'une manière fort remarquable; quelquefois, dans une rivière, à côté d'un endroit où elles sont fort nombreuses, on en trouverait à peine quelques unes. Ainsi, on a observé que, dans le lac de Genève, elles sont fort communes du côté du Valais, très rares au contraire à l'extrémité opposée; les pêcheurs ont fait des remarques semblables sur plusieurs parties du cours de la Seine.

Dans les eaux que les carpes préfèrent, ces poissons acquièrent des dimensions considérables; quoique nous soyons habitués à regarder comme de belles carpes celles qui pèsent huit ou dix livres, dans certains lacs d'Allemagne on en pêche souvent d'une trentaine de livres. En Prusse, quelques unes pèsent quarante livres. Pallas, célèbre naturaliste, assure que, dans le Wolga, on en trouve de cinq pieds de long; le prince de Conti, dit Valmon de Bomard, a fait servir à sa table une carpe de quarante-cinq livres; celles du lac de Zug,

en Suisse , et surtout celles du Dniester , sont cé-
lebres pour leur grosseur démesurée ; la plus colossale des carpes connues , a été prise près de
Francfort-sur-l'Oder ; elle pesait soixante-dix livres,
et avait neuf pieds de longueur sur trois de hauteur.

Pour arriver à une taille pareille, ces carpes ont
dû vivre un temps considérable ; des expériences
bien certaines constatent leur étonnante longévité.
En Alsace, des carpes conservées avec soin dans des
viviers particuliers , y ont vécu deux cents ans.
Buffon a vu à Chantilly, à Fontainebleau , à Pont-
chartrain , plusieurs de ces poissons qui avaient
certainement vécu au moins un siècle ; l'une d'elles
portait un anneau attestant qu'elle avait été jetée
dans l'étang où elle fut pêchée , plus de cent cinquante ans auparavant. Les vieilles carpes se distinguent, non-seulement par leur taille , mais aussi
par leur couleur , qui devient de moins en moins
foncée et tire sur le blanc, à mesure que ces poissons avancent en âge.

On pêche les carpes à la ligne et au filet, mais
souvent elles sont fort difficiles à prendre. Très
souvent elles refusent de mordre à l'hameçon , et
s'éloignent avec méfiance de l'amorce sans oser y
toucher ; souvent aussi, quand elles voient venir le
filet , au lieu de se précipiter aveuglément dans les
mailles, comme plusieurs poissons, elles s'enfoncent dans la vase pour le laisser passer par-dessus
leur tête, ou l'attendent en se tenant à fleur d'eau,
plient leur corps en rapprochant leur tête de leur
queue , se débandent tout à coup comme un ressort, et s'élancent d'un bond de l'autre côté du

filet. Pour être sûr de les prendre, il faut employer deux trubles; si elles sautent hors d'un filet, elles tombent immanquablement dans l'autre.

Quand on a réussi à les prendre, rien n'est plus facile que de les transporter vivantes à de grandes distances; on peut leur faire faire de longues routes en les enveloppant dans des linges ou des herbes mouillées; on les amène à Paris où on les conserve en grand nombre dans des bateaux portant un réservoir qui laisse entrer et sortir librement l'eau de la rivière.

Les poissons brillants qu'on élève si fréquemment dans des bocaux, et qui se voient en grand nombre dans les bassins de nos jardins publics, appartiennent à une espèce de carpes originaires de l'Asie, et connues sous le nom de Dorades de la Chine. La magnifique parure dont ces poissons sont revêtus dans leur pays, les fait rechercher par les personnes riches, qui en garnissent leurs étangs et les servent sur leurs tables comme un mets fort estimé. Dans nos climats, ils ont perdu en grande partie leurs éclatantes couleurs; et, depuis qu'il a été introduit en France par madame de Pompadour, le poisson rouge dégénéré donne assez peu l'idée de l'éclatante dorade, dont les écailles diaprées brillent aux rayons du soleil de la Chine.

Les autres poissons voisins des carpes sont abondants dans nos eaux douces, et connus de tout le monde; ce sont le barbeau, la brême, la tanche, le goujon et l'ablette, dont les écailles sont employées à la fabrication des perles fausses.

FIGURE 17.

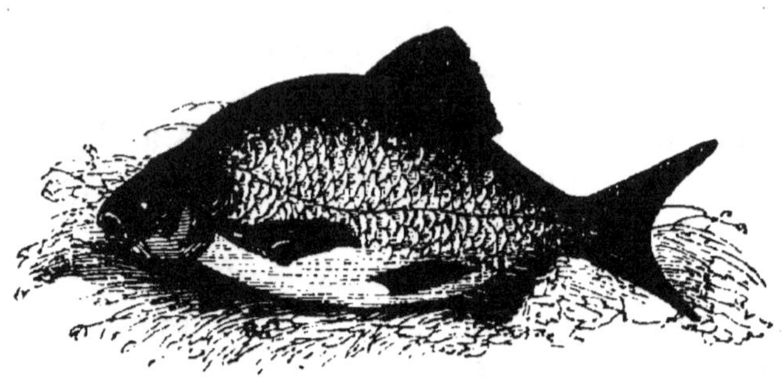

La Brême.

Les carpes, dont nos étangs et nos rivières sont peuplés, y rencontrent presque toujours un terrible ennemi, le brochet, connu comme l'un des

FIGURE 18.

Le Brochet.

poissons les plus voraces et les plus destructeurs.
« Le brochet, dit Lacépède, est le requin des eaux
« douces ; il y règne en tyran dévastateur, comme
« le requin au milieu des mers. Insatiable dans ses
« appétits, il ravage avec une promptitude ef-
« frayante les rivières et les étangs. Féroce sans
« discernement, il n'épargne pas son espèce, il
« dévore ses propres petits. Goulu sans choix, il
« déchire et avale avec une sorte de fureur les restes
« même des cadavres à demi putréfiés. Cet animal
« sanguinaire est d'ailleurs un de ceux qui ont reçu
« la vie la plus longue ; c'est pendant des siècles
« qu'il effraie, agite, poursuit, détruit et consomme
« les faibles habitants des eaux douces ; et comme
« si, malgré son insatiable cruauté, il devait avoir
« tous les dons en partage, il a été doué, non seu-
« lement d'une grande force, d'une grande taille,
« d'armes nombreuses, mais encore de formes dé-
« liées, de proportions agréables, de couleurs va-
« riées et riches. »

Un brochet fait en effet dans les rivières une effrayante consommation : un seul, parvenu à l'âge
de cinq ou six ans, pourrait dépeupler un étang ;
sans doute ce poisson a été créé pour arrêter la
multiplication excessive des petites espèces, que
les eaux douces nourrissent en si grand nombre.
Il n'est pas du reste également redoutable à tous
les poissons ; il craint d'attaquer la perche à cause
des piquants dont son corps est revêtu, et quand
un jeune brochet a par mégarde avalé quelque épinoche, les aiguillons de ce petit animal, se redres-
sant au moment de sa mort, font au ravisseur
des blessures dangereuses, qui, fort souvent,

9

lui sont funestes. Aussi, le plus faible de nos poissons d'eau douce nage-t-il sans crainte à côté de celui que tous les hôtes de nos rivières n'aperçoivent qu'en tremblant. Nous avons dit que le brochet parvenait à une grande taille : dans le nord de l'Europe, il n'est pas rare d'en trouver de quatre à cinq pieds de long; on en a pris en Angleterre du poids de plus de quarante livres; le plus célèbre de tous, et dont l'existence est parfaitement certaine, fut pris en 1497, près de Manheim; il pesait trois cent cinquante livres, et avait plus de dix-huit pieds de longueur. Un anneau doré attaché à sa queue portait cette inscription : Je suis le premier poisson jeté dans cet étang par les mains de l'empereur Frédéric II, le 5 octobre 1262. Ce poisson avait donc plus de deux cent soixante-sept ans.

La fécondité des femelles, jointe à cette prodigieuse longévité, multiplierait à l'excès la race des brochets, si, comme on l'a fait remarquer, les brochets eux-mêmes ne dévoraient souvent leur propre progéniture; l'homme lui fait aussi une guerre acharnée pour se nourrir de sa chair, qui est excellente. On prend très facilement le brochet au moyen d'un collet de fil de laiton qu'on lui passe autour du corps quand il vient s'étendre au soleil près de la surface de l'eau; on le pêche encore avec tous les filets en usage dans les rivières, et il mord aisément à l'hameçon que l'on a eu soin d'amorcer avec un petit goujon. On dit que dans le nord de l'Europe, dans les régions désolées de la Sibérie, ce poisson est d'une immense ressource aux pauvres habitants, qui le prennent en grand nombre sous la glace des étangs et des rivières, et qui le conservent longtemps sans autre précaution que de le laisser se geler à l'air : ainsi, la bonté divine rapporte à l'utilité de l'homme tous les animaux de notre globe, sur lesquels elle lui a donné l'empire. L'espèce marine la plus voisine des brochets, est celle de Orphies ,

FIGURE 19.

L'Orphie.

ou Anguilles de mer, faciles à reconnaître à leur taille allongée, et surtout à leur museau qui s'avance en bec mince et étroit, garni de fortes dents : les orphies sont fort communes sur les côtes de l'Océan, on les prend par milliers dans les *parcs* des environs de Dieppe, et on les vend sur les marchés d'alentour pour la nourriture du peuple ; car on les dédaigne à cause de leur chair un peu coriace, quoique assez savoureuse, mais surtout à cause de la singulière couleur verte de leurs arêtes qui inspirent un dégoût général par leur ressemblance avec des lames de cuivre couvertes de vert-de-gris.

Combien est aussi précieux dans plusieurs pays,

le saumon si recherché et si rare dans nos climats

FIGURE 20.

Le Saumon.

riches et fertiles, mais si commun dans des contrées où les ressources sont bien plus restreintes. La Providence lui a donné une humeur vagabonde, qu'elle a cependant assujettie à d'inviolables lois. Né dans les rivières, il croît dans l'Océan, et revient à l'embouchure des fleuves où il a vu le jour, pour les remonter presque jusqu'à leur source; aucun obstacle ne dérange le cours de ces périodiques voyages : l'Écossais, qui se nourrit de sa chair pendant une saison, est certain de retrouver à la saison suivante, grandis et fortifiés, les saumons éclos dans son voisinage, qu'il a vus jeunes encore disparaître dans les flots de la mer. Des pêcheurs rejetèrent à l'eau douze saumons auxquels ils avaient attaché des anneaux de cuivre; l'année suivante onze de ces saumons furent repris aux mêmes lieux, après que tous les poissons de cette espèce s'en furent éloignés pendant un certain temps. Qui peut ainsi tracer à ces poissons une route invariable au milieu des flots agités de l'Océan, des abîmes sans limite, des sinueuses rivières? qui peut ramener le saumon aux lieux qui l'ont vu naître, ou faire retrouver à l'hirondelle le nid qu'elle a quitté depuis six mois, sinon cette main puissante dont la force éclate si visiblement dans toutes ces lois que la nature inintelligente, inanimée même, suit avec une si admirable constance?

Rien ne détourne les saumons du chemin qu'ils doivent suivre, rien ne les éloigne du but qu'ils doivent atteindre. On les voit se diriger dans la mer et dans les rivières en longues files régulièrement rangées, que semble diriger la plus grosse femelle; si quelque danger les menace, ils accélèrent leur course d'une manière prodigieuse : ils s'élancent avec une telle rapidité, que l'œil a peine à les suivre, même dans les fleuves dont le courant rapide semblerait devoir leur opposer un obstacle difficile à vaincre. Si une digue ou une cataracte se trouve sur son passage, le saumon, loin de retourner en arrière, s'efforce de la franchir et y réussit le plus souvent : tantôt il se lance dans la chute d'eau avec une rapidité sans égale et la remonte comme un trait; si la violence du courant est invincible, ou si une barrière l'arrête au milieu des eaux, il s'appuie sur quelque grosse pierre, se courbe en arc, saisit sa queue avec ses dents, tend tous les muscles de son corps et, se débandant tout à coup, frappe l'eau avec une force telle qu'il s'élève dans l'atmosphère quelquefois à une hauteur de douze ou quinze pieds et va retomber presque toujours au-delà de l'obstacle qui l'arrêtait.

9.

L'extrême utilité du saumon dans les pays où il nourrit le pauvre laboureur dans sa chaumière et le berger dans sa cabane, où il répand la joie et l'abondance quand une terre avare refuse tous les fruits, a fait inventer mille moyens pour rendre sa pêche productive. Si les riches pêcheurs avec leurs immenses filets en peuvent prendre jusqu'à deux mille en un seul jour, les habitants des pays les plus lointains, privés des ressources de l'industrie, privés du savant appareil de nos pêches, peuvent cependant prendre aussi leur part à cette distribution d'aliments délicieux que la Providence fait chaque année sur tant de rivages. On pêche les saumons à l'hameçon amorcé avec des petits poissons ou des insectes. Dans les eaux peu profondes où ils se répandent assez souvent, on les perce à coups de lance ; cette pêche se fait surtout sur les côtes de l'Écosse ; pendant que les fils des lords se divertissent à poursuivre à cheval le poisson dans les bas-fonds, comme s'ils poursuivaient une bête fauve dans les forêts, il n'est pas de pauvre montagnard qui ne descende sur le rivage faire en quelques jours sa provision de plusieurs mois. Enfin, sans peine et sans fatigue, on tend aux saumons dans plusieurs rivières des piéges où ils viennent se jeter eux-mêmes, par suite de cet instinct qui les porte à surmonter toutes les difficultés qu'ils rencontrent sur leur route.

A Châteaulain, près de Brest, la rivière d'Auzon est fréquentée tous les ans par un grand nombre de saumons. On établit dans le courant un double rang de pieux, rapprochés les uns des autres et fortement assujettis ; au milieu est un passage d'environ deux pieds de diamètre, environné de lames de ferblanc mobiles, disposées à peu près comme les fils de fer à l'entrée des souricières. Quand la bande entre dans la rivière, ne trouvant que ce seul passage, elle y pénètre en écartant les lames qui cèdent et se resserrent derrière eux. Mais ce passage les conduit à un réservoir sans issue où ils arrivent tous l'un après l'autre, mais d'où ils ne peuvent plus sortir. Souvent on établit dans une petite rivière que les saumons aiment à remonter deux écluses fort rapprochées, dont les pieds sont placés fort près les uns des autres; ceux de la seconde écluse sont plus élevés que les autres; les poissons, arrivant au pied de cette barrière, s'élancent selon leur coutume et franchissent sans peine la première écluse, mais la seconde les arrête dans leur élan, et les fait tomber dans l'étroit intervalle qui sépare les deux barrières, où ils n'ont plus l'espace nécessaire pour bondir de nouveau, et retourner par la voie qui les a conduits.

Quand il se trouve dans une rivière quelque chute d'eau extrêmement rapide et de quelque élévation, il est facile d'en profiter pour prendre un grand nombre de saumons. Ordinairement ils se réunissent en foule au pied de la cascade, et s'efforcent de la franchir en sautant; les plus forts y parviennent, mais la plupart retombent dans la chute d'eau, sous laquelle on a eu soin de suspendre une large caisse dont le fond à claire voie laisse passer l'eau, mais retient le poisson, qui, battu et étourdi par l'onde qui se précipite dans cet étroit espace, fait de vains efforts pour s'élever au dessus des bords de sa prison.

Nos ruisseaux clairs et rapides nourrissent souvent deux espèces de poissons assez semblables au saumon, et non moins estimés par l'excellente saveur de leur chair, la truite commune, et l'om-

FIGURE 21.

La Truite.

bre chevalier qui est plus petit, mais lui ressemble beaucoup. Elles ont à peu près les mœurs du saumon : comme lui elles aiment à remonter les

FIGURE 22.

L'Ombre.

courants les plus forts, et on les prend à la ligne auprès des petites cascades et des écluses des moulins ; quelques unes cherchent toujours à gagner la source des rivières, s'élèvent sur le flanc des montagnes d'où elles descendent, et vont à ces hauteurs varier la nourriture et les ressources des bergers qui, dans la belle saison, y conduisent leurs troupeaux.

Si nous n'avons pu voir sans admiration et surtout sans reconnaissance pour la bonté du Créateur ces périodiques émigrations des thons et des maquereaux qui chaque année viennent livrer à l'homme des provisions assurées, que sera-ce quand nous suivrons dans leurs voyages les prodigieuses armées des poissons du genre clupée ; les harengs, par exemple, qui vont visiter toutes les côtes du globe pour répandre partout l'abondance ; et quand nous observerons ces pêches fameuses qui alimentent tant de provinces, à qui des royaumes entiers ont dû toute leur prospérité, toute leur puissance. Combien l'homme serait aveugle et ingrat s'il ne reconnaissait et ne bénissait une Providence qui lui ouvre tant de sources de richesses, qui varie si merveilleusement ses bienfaits !

Nous n'avons pas besoin de décrire le hareng, ce poisson à juste titre si connu et si célèbre. Il vit, pendant une partie de l'année, dans les mers les plus septentrionales ; c'est de là qu'il part pendant l'été et l'automne pour visiter d'autres climats. L'imagination s'étonne à la pensée de la multitude incroyable de harengs que les mers nous envoient chaque année : qu'on se représente un banc de plusieurs lieues de longueur et de largeur, de quelques toises de profondeur, où tous les poissons se touchent, et on aura l'idée d'une des bandes qui, chaque année, traversent les mers ; le nombre des poissons qui s'y trouvent est incalculable. En vain une foule d'oiseaux les suivent sans cesse, et en enlèvent continuellement quelques uns pour les dévorer ; en vain les squales, les cétacés, et beaucoup d'autres habitants des mers, les engloutissent par milliers ; en vain un plus grand nombre peut-être étouffé dans les baies où ils se précipitent ; en vain il en tombe dans les filets des pêcheurs une quantité si prodigieuse, qu'il est telle petite anse de Norvége où l'on en prend vingt millions par an, et que les pêches dans ce pays seul en détruisent plus de quatre cents millions à chaque émigration : les bandes de harengs reviennent chaque année aussi nombreuses, et l'on ne s'aperçoit pas encore qu'elles aient diminué ! Et cependant tous les ans la Suède, la France, l'Angleterre, l'Écosse, la Hollande, les États-Unis, envoient de véritables flottes au-devant de ces poissons, et pour plusieurs de ces peuples, ces bancs indestructibles, qu'ils exploitent sans cesse, sont des mines plus inépuisables et plus riches que celles du Mexique et du Pérou.

Les mouvements des harengs sont réglés par les saisons et se font d'une manière assez régulière : les plus grands, les plus forts et les plus hardis, placés en tête, semblent conduire le reste de la troupe ; en quittant les mers glaciales, l'armée se divise en deux grands corps : l'un se dirige vers l'Amérique, l'autre descend le long des côtes de Norvége ; et tandis qu'une partie s'engage dans la mer Baltique, le reste de la colonne suit les rivages du Danemark, de l'Allemagne, de la Hollande et de la France, et gagne le large en quittant ceux d'Espagne. La lenteur de leur marche, en permettant aux pêcheurs de suivre longtemps ces poissons, explique les résultats merveilleux de leurs expéditions.

L'histoire des pêches de harengs présente certainement un des exemples les plus encourageants pour l'industrie humaine, en lui montrant quelle influence elle peut exercer sur les destinées des peuples. Les bénéfices que les Hollandais ont tirés de la pêche des harengs les a mis à portée, en leur fournissant des revenus aussi certains qu'abondants, de soutenir de longues guerres, et de jouer un rôle remarquable parmi les nations européennes; c'est à cette cause, si peu importante en apparence, qu'un pays, pauvre auparavant autant que faible, a dû la force dont il a fait preuve dans ses démêlés avec le plus puissant des rois (1). Les Hollandais ont élevé un mausolée au pêcheur Buckals, qui, au quinzième siècle, trouva l'art de saler les harengs; Charles-Quint, traversant la Flandre hollandaise en 1556, voulut manger un hareng sur le tombeau du pêcheur, et rendre un éclatant hommage à son importante découverte.

Quoique l'on attribue généralement aux Hollandais d'avoir les premiers entrepris en grand la pêche du hareng, il est certain que, dès le neuvième siècle, des pêcheurs dieppois allèrent prendre des harengs dans les mers du nord, et les rapportèrent salés en France; mais cette expédition n'eut pas

---

(1) *Amsterdam*, selon un dicton hollandais, *est fondée sur des arêtes de harengs.*

de suite. Les Hollandais reprirent l'industrie abandonnée par nos compatriotes ; au douzième siècle, les pêches commencèrent à s'organiser, au dix-septième, elles employaient déjà près de trois mille vaisseaux, et faisaient subsister cinq cent mille individus, c'est-à-dire près du quart de la population de la Hollande !

Les batiments équipés pour la pêche des harengs dans les mers du nord portent de petits bateaux, des filets, une provision de sel, et des caques ou barils de chêne pour renfermer les poissons. Les filets ont ordinairement plus de deux cents mètres de longueur ; leurs mailles doivent avoir au moins un pouce de large, de sorte que les harengs y puissent passer seulement leur tête ; ils sont noircis à la fumée, de manière à être aperçus plus difficilement des poissons.

Les pécheurs reconnaissent aisément l'approche des bancs de harengs, à la multitude des oiseaux de mer qui les suivent et les attaquent perpétuellement ; la nuit, il est plus facile encore de les découvrir : leurs écailles sont phosphorescentes, et rendent la mer lumineuse au milieu des ténèbres. C'est le soir ordinairement que l'on jette les filets, au moyen de cordages et de cabestans ; ces filets portent, à leur partie supérieure, des tonnes vides et des morceaux de liége qui les soutiennent à fleur d'eau ; la partie inférieure est maintenue à une profondeur convenable par des pierres et des morceaux de fer ou de plomb. La lumière attire les harengs comme plusieurs autres poissons ; aussi, il est facile de les faire tomber dans les filets en leur présentant des torches allumées, vers lesquelles ils se précipitent ; mais ils rencontrent en chemin le filet dont les mailles s'accrochent à leurs ouïes, et les retiennent malgré tous leurs efforts. Quand le filet a été tendu à propos, il peut être *maillé* en quelques minutes. Ordinairement au bout de deux heures, on le retire garni de poissons, pourvu qu'il ne survienne pas un requin, qui, se précipitant au milieu de la bande, épouvante les poissons, ou mette en pièces les filets.

Les harengs frais sont un mets fort délicat ; ils ne se gardent pas longtemps ainsi sans se corrompre ; mais on peut les conserver en les salant et les desséchant.

Pour les saler, aussitôt qu'ils sont tirés de l'eau, un matelot, appelé *caqueur*, leur arrache les branchies et les entrailles, les lave dans l'eau salée, et les met dans une saumure épaisse où ils peuvent surnager ; quinze heures après, on les retire de cette saumure, et on les place dans une tonne à demi pleine de sel. Quand on arrive au port, on ôte les poissons de cette tonne, et on les dispose avec soin les uns sur les autres dans des barils, en mettant une couche de sel entre toutes les couches de harengs.

Les harengs fumés, si connus sous le nom de harengs *saurs*, sont préparés d'une autre manière ; après les avoir laissés séjourner vingt-quatre heures dans la saumure, on les enfile par les ouïes dans de petites baguettes, et on les pend dans de vastes cheminées, où l'on fait un feu de bois mouillé qui donne beaucoup de fumée ; après que les harengs y ont été exposés de tous côtés pendant vingt-quatre heures, ils prennent une couleur dorée, et peuvent se conserver sans altération pendant fort longtemps. On sait de quelle ressource ils sont alors en beaucoup de pays pour les classes pauvres.

La pêche des sardines, autre poisson du genre clupée, mais beaucoup plus petit que les harengs, est aussi d'une grande importance : c'est l'industrie de notre Bretagne. Les pêcheurs de sardines ont des barques légères qui glissent sur l'eau, à travers les lames, avec une rapidité extrême. Mille à douze cents embarcations sont ordinairement occupées à l'époque des pêches. Chaque barque, montée par cinq hommes, munie de plusieurs filets, de paniers de sel et d'appâts, va au large épier l'arrivée des sardines : le bouillonnement de la mer, et surtout la présence d'une multitude de mouettes, annoncent leur arrivée. Cette heureuse nouvelle est annoncée sur toute la côte, et les pêcheurs partent tous ensemble, dès l'aube du jour, vers les lieux où ils espèrent rencontrer les sardines. Aussitôt que l'on aperçoit une bande qui s'approche, le patron de chaque barque jette son filet, attaché d'un côté à l'arrière du petit bâtiment, et manœuvre de manière à étendre le filet dans le sens de la marche des sardines. Quand elles sont à portée, il jette de l'autre côté du filet un appât dont elles sont fort avides ; elles s'élancent à l'envi pour le saisir, mais le filet les retient au passage, et en quelques instants il est garni de poissons ; le pêcheur alors ajoute au premier filet un second filet semblable, où il attire les sardines par le même moyen. Si elles arrivent en grand nombre, il peut jeter ainsi successivement cinq à six filets, et les retirer tous

également chargés; une bonne pêche peut fournir
en un jour vingt-cinq à trente milliers de sardines.

C'est encore dans le genre clupée que l'on trouve
les Aloses, assez semblables au hareng, mais beaucoup plus grandes, puisqu'elles atteignent jusqu'à
trois pieds de longueur. Elles habitent l'Océan,
mais remontent au printemps dans les grands fleuves,
en troupes quelquefois très nombreuses. Ces émigrations varient beaucoup : dans la Seine inférieure
on en prend quelquefois dans une année treize ou
quatorze mille, quelquefois quinze ou dix-huit
cents; c'est dans la Loire qu'elles sont le plus constamment abondantes; depuis le mois de mars
jusqu'au mois de mai, on en prend un grand nombre avec de longs filets. Elles aiment à suivre les
bateaux chargés de sel, qui en amènent quelquefois jusqu'à Paris. Les aloses sont comptées parmi
les poissons les plus estimés pour la délicatasse et
les bonnes qualités de leur chair, quoique aux qua-
trième et cinquième siècles elles ne parussent jamais
sur les tables bien servies, et fussent destinées uni-
quement à la nourriture du peuple.

Quelle mine de diamants et de pierreries renferme
des trésors comparables à ceux de l'Océan? S'il a
englouti parfois quelque riche cargaison, quelques
morceaux d'or, ne nous les rend-il pas au centuple,
par cette multitude d'animaux utiles que chaque
année il nous fournit avec une inépuisable profusion? Quel animal plus précieux après le hareng
que la morue dont la chair, quand elle est fraîche,
est d'une excellente saveur? Quand elle est prépa-
rée, elle se conserve plus longtemps qu'aucune
autre, et fournit à une consommation immense

dans les quatre parties du monde. Tous les organes de la morue peuvent servir à la nourriture de l'homme, ou à celle des animaux, ou à l'économie domestique : les branchies, pour être employées comme appâts ; le foie, pour donner une huile aussi estimée qu'elle est abondante ; la vessie, pour fournir une excellente colle de poisson ; enfin les os eux-mêmes, pour nourrir les bestiaux des pauvres habitants de l'Irlande et des contrées les plus septentrionales. N'est-elle donc pas encore l'un des inappréciables bienfaits de la bonté divine ?

La France, l'Angleterre, la Hollande, les États-Unis, envoient chaque année un grand nombre de vaisseaux vers l'île de Terre-Neuve, autour de laquelle les morues sont tellement abondantes, qu'elles forment un banc de plus de cent lieues de long, sur cinquante de large. Les vaisseaux doivent porter une grande quantité de poissons et de mollusques, propres à servir d'appâts, et que l'on recueille pendant le voyage.

Au lieu de la destination, chaque pêcheur s'établit le long du bâtiment, dans un baril surmonté d'une toile goudronnée. C'est de là qu'il jette sa ligne ; c'est le seul moyen employé ordinairement

FIGURE 23.

La Morue.

pour prendre les morues ; la pêche au filet est beaucoup moins avantageuse. La corde qui soutient l'hameçon a près d'un pouce de circonférence et quatre ou cinq cents pieds de longueur ; à son extrémité, elle est garnie d'une masse de plomb de sept à huit livres, destinée à la faire enfoncer aussi verticalement que possible. Les hameçons, en fer étamé et garnis de pointes très aiguës, sont amorcés avec toute espèce de débris de viande ou de poisson. La morue est si gloutonne et si stupide, qu'elle se jette même sur les morceaux de drap rouge, qu'elle prend, sans doute, pour des chairs ensanglantées. Dans certains lieux, les morues sont tellement accumulées au fond de la mer, qu'elles se touchent les unes les autres, et qu'il suffit souvent de laisser traîner parmi elles une ligne garnie de crochets très aigus pour en accrocher quelques unes ; mais la plupart du temps, les morues blessées se détachent et s'éloignent pour ne plus revenir.

Quand au contraire elles ont mordu à l'hameçon, le pêcheur les tire à lui sans crainte de perdre sa proie. Il se hâte de les tuer en leur ouvrant l'estomac, puis il rejette sa ligne amorcée avec les débris qu'il a retirés du ventre de la morue prise.

Pour conserver les morues à l'état où elles arrivent parmi nous, il faut les désosser et les saler. Un mousse apporte la morue prise, sur une table où *l'ététeur* lui coupe la tête, arrache ses entrailles, dépose son foie dans un tonneau, les œufs des femelles dans un autre, et met le cœur et la rate à part, pour servir d'appât. *L'habilleur* alors ouvre le corps, ôte la colonne épinière avec la vessie natatoire, et passe le poisson au *saleur*, qui fait entrer autant de sel que possible dans le corps du poisson, et place toutes les morues sur des couches épaisses de sel.

On fait encore sécher un grand nombre de morues dont la chair acquiert, par les opérations qu'on lui fait subir, une dureté extrême, et peut se conserver fort longtemps sans la moindre altération : la consommation de la morue sèche est beaucoup plus étendue et plus générale que celle de la morue salée.

Quoi qu'il en soit, depuis bien des siècles, l'homme s'empare chaque année d'une multitude prodigieuse de morues ; toutes les nations du globe semblent s'être conjurées pour les détruire ; chaque année, plus de six mille navires sortent de tous les ports du monde, et rapportent ensemble environ 56,000,000 de morues salées et séchées. Et il s'en faut beaucoup que l'homme soit le seul ennemi des morues. Combien chaque année les squales, les cétacées, les autres habitants des mers, ne doivent-ils pas en détruire dans ces bancs immenses, livrés sans défense à leur voracité, et qu'ils retrouvent constamment dans les mêmes parages ! On se demande avec étonnement comment, au milieu de tant de causes de destruction, l'espèce peut subsister encore ! et il est constant qu'aucune diminution n'a pu être remarquée jusqu'à nos jours. C'est que, comme nous l'avons remarqué pour les harengs et pour tant d'autres poissons, plus une espèce d'animaux est utile à l'homme, plus la Providence, qui a consacré tous les animaux à son usage, prend soin de la conserver. La merveille de l'indestructibilité des morues s'explique, quand

on remarque que chaque femelle peut chaque année produire le nombre prodigieux de neuf millions d'œufs.

Nous pourrions répéter les mêmes observations
pour le merlan , ce poisson si apprécié aussi et si
connu , qui couvre chaque année l'Atlantique de
ses innombrables légions, et vient à son tour nous
apporter chaque année son tribut.

A côté de ces poissons que leur utilité a rendus
à juste titre si célèbres, il en est d'autres dont les
qualités nous sont indifférentes, et à qui cependant des opinions sans fondement ont valu une
renommée extraordinaire. L'Echénéide - Remora ,
l'un des plus petits poissons qui habitent les
mers , est un des plus frappants exemples de cette
puissance des préjugés. Ecoutons Pline le naturaliste énumérer avec admiration ses prodigieuses qualités , son incroyable puissance.

« Qu'y a-t-il de plus violent que la mer et les
« vents, les tourbillons et les tempêtes? Le génie
« de l'homme a-t-il trouvé de plus grands auxi-
« liaires que les rames et les voiles? et cependant
« toutes ces puissances , l'échénéide les enchaîne :
« que les vents se précipitent , que les mers boule-
« versent les flots, il commande à leur fureur, il
« maîtrise leur rage. Ce vaisseau que n'aurait pu
« retenir aucune chaîne, que n'aurait fixé aucune
« ancre, il le rend immobile. Il dompte aussi la
« violence des éléments , sans travail , sans peine ;
« il veut, et les navires s'arrêtent. Que les flottes
« guerrières se chargent de tours et de remparts ,
« pour que l'on puisse combattre du haut des vais-
« seaux comme sur terre du haut des murs , ô va-

« nité des choses humaines ! Un petit poisson rend
« inutiles leurs éperons, armes de fer et d'airain ;
« il enchaîne le courage de ceux qui les montent !
« A la bataille d'Actium, ce fut, dit-on, un éché-
« néide qui, arrêtant le navire d'Antoine, au mo-
« ment où ce général allait parcourir les rangs et
« exhorter ses troupes, donna à la flotte d'Octave
« l'avantage qui résulte de l'impétuosité du premier
« choc. »

C'est ainsi qu'à la puissance d'un poisson que sa
taille eût confondu parmi les plus obscurs, l'igno-
rance et la superstition rattachent les plus grands
événements, le sort du monde. Mais quoi! la nature
n'est-elle pas assez féconde en merveilles, pour
que l'imagination de l'homme doive en créer encore! Les œuvres de la Providence ne nous four-
nissent-elles pas assez d'objets d'admiration, pour
qu'il faille en inventer de nouveaux! Serons-nous toujours assez aveugles pour que les prodiges qui nous
entourent ne nous frappent jamais, et qu'il nous
faille chercher dans un monde idéal des objets
dignes de fixer nos regards, d'obtenir notre admiration.

Toutes ces fables publiées sur le rémora sont
fondées sur une qualité, que du reste il partage
avec plusieurs autres animaux ; il peut, en opérant
le vide, par une espèce de succion, se fixer très-
fortement sur les objets les plus polis ; mais ce
n'est pas son poids léger qui les arrêterait un instant dans leurs mouvements ; plusieurs échénéides
s'attachent quelquefois sur la peau du même squale
ou du même cétacé, et il n'en sillonne pas moins
avec sa vitesse accoutumée l'immense étendue

des mers. L'homme, cependant, a trouvé moyen de tirer partie de la faculté particulière accordée à l'échénéide. Sur la côte de Mozambique, une espèce un peu plus grosse que le rémora est employée à la pêche des tortues marines.

On attache à la queue de l'échénéide un anneau auquel est fixée une corde très-longue. Les pêcheurs emportent avec eux l'échénéide ainsi préparé dans un vase plein d'eau salée, et, quand ils aperçoivent de loin une tortue endormie qui flotte à la surface des ondes, ils jettent l'échénéide à la mer; celui-ci cherche à fuir en entraînant la corde après lui; on dévide une longueur égale à celle qui sépare le bateau de la tortue; l'échénéide parcourt tout le cercle à la circonférence duquel il est retenu par la corde; aussitôt qu'il aperçoit la tortue, il s'élance sur elle et se fixe à son écaille : la tortue, retenue ainsi plus fortement que par un harpon enfoncé dans sa cuirasse, est attirée jusqu'au bateau, sans que l'échénéide lâche prise un seul instant.

Si l'échénéide a été l'objet d'un préjugé qui lui a valu tant de célébrité, un poisson de nos eaux douces doit à sa forme, qui rappelle celle d'animaux odieux, d'être devenu l'objet du plus défavorable préjugé. L'anguille de nos rivières est à demi confondue avec les serpents, et, quoique sa chaire soit fort savoureuse, beaucoup de personnes la craignent comme celle d'un reptile. Cependant le genre des anguilles fournit, outre l'anguille vulgaire, deux poissons qui méritent à tous égards d'échapper à cette espèce de réprobation : le congre ou anguille de mer, et la murène. Le congre est un grand poisson de mer, remarquable par son extrême voracité ; sa bouche, garnie de dents énormes, et son regard fixe et sinistre , inspirent une terreur générale dans l'élément qu'il habite ; aussi féroce que puissamment armé , il se jette sans crainte sur de grands animaux , les enlace avec sa queue, et en fait souvent sa proie. L'homme presque seul est pour lui un ennemi invincible ; encore se défend-il avec fureur quand il est pris, en cherchant à mordre avec ses redoutables dents qui peuvent faire de cruelles blessures , car le congre ne quitte plus ce qu'il a saisi , et se laisse tuer avant de lâcher prise. Malgré sa force et sa hardiesse, les pêcheurs le prennent aisément à la ligne, et il se vend fréquemment dans nos villes sous le nom d'anguille de mer. La murène , assez semblable au congre par les mœurs comme par la forme , était autrefois à Rome en incroyable estime. Tous les riches patriciens avaient des viviers pour y élever des murênes ; ils les transportaient à grands frais dans des lacs intérieurs ; le fameux Crassus était plus fier de ses murênes , qu'il avait habituées à écouter sa voix, que de sa plus magnifique villa , et l'orateur Hortensius pleurait amèrement celles que lui enlevait un trépas prématuré. Faut-il rappeler ce trait barbare de Vedius Pollion , qui , pour la moindre faute, faisait jeter ses esclaves aux murênes , et engraissait ses poissons avec la chair humaine ? Dans notre siècle, où une pareille cruauté n'excite plus que l'indignation et l'horreur, bénissons la religion divine qui, en rétablissant les saines idées de liberté et de fraternité , a relevé une grande partie du genre humain de l'abjection et de l'opprobre où l'avait fait tomber l'orgueil de ses semblables.

CHAPITRE V.

POISSONS CARTILAGINEUX.

Les poissons cartilagineux, quoique bien moins nombreux en espèces que les poissons osseux, ne remplissent cependant pas un rôle moins important dans le vaste domaine des habitants des eaux. Nous verrons parmi eux des êtres gigantesques, qui ne le cèdent en grandeur qu'aux plus énormes cétacés ; nous verrons parmi eux des poissons précieux à l'homme par leurs qualités utiles, des poissons redoutables à tout ce qui les entoure par leur puissance et leurs mœurs féroces, des poissons enfin dignes de tout notre intérêt par les particularités curieuses qui les distinguent. Au nombre des premiers, citons avant tout l'esturgeon.

L'esturgeon ordinaire est un grand poisson qui peut atteindre jusqu'à quinze ou vingt pieds de longueur ; ses habitudes sont assez semblables à celles du saumon, et sa chair encore plus estimée ; doué d'une force musculaire assez grande pour que, d'un coup de queue, il puisse renverser un homme ou briser une perche par le milieu, l'esturgeon n'en abuse jamais ; il n'attaque guère que de petits poissons, et ne semble avoir été fait que pour venir près des rivages les plus fréquentés par les hommes, au milieu même des fleuves, nous fournir une nourriture aussi salutaire que délicate et abondante. Pour juger de l'utilité de ce poisson, transportons-nous sur le bord de la mer Caspienne et de la mer Noire, qu'habite la plus colossale espèce, le grand esturgeon, dont quelques individus n'ont pas moins de trente pieds de longueur.

C'est avec les œufs de cet esturgeon que les habitants des rivages près desquels ils demeurent, préparent cet aliment si répandu dans le nord et le levant, et connu sous le nom de caviar ; il s'en fabrique une quantité prodigieuse, qui ne doit pas étonner du reste, quand on saura qu'une seule femelle peut fournir jusqu'à huit cents livres d'œufs. Quelle richesse pour des peuples chez lesquels le caviar est à peu près le seul aliment, comme chez les Grecs pendant leurs longs carêmes, ou pour ceux qui en font, cemme les Russes, un commerce très étendu, dont ils tirent chaque année d'énormes profits. La chair du grand esturgeon, non moins recherchée que ses œufs, est presque aussi ferme, aussi nourrissante, aussi agréable que celle du veau ; la vessie natatoire sert à préparer une quantité considérable de colle de poisson ; enfin, il n'est pas jusqu'à la peau qui ne soit utilisée : celle des vieux esturgeons sert à faire un cuir assez fort; celle des jeunes remplace les carreaux de verre aux fenêtres des pauvres cabanes de la Russie et de la Tartarie. Certes, il est peu de poissons qui aient exercé aussi fréquemment et aussi utilement l'industrie des pêcheurs du nord.

Les revenus considérables que sa pêche procure. ont fait employer une foule de procédés fort curieux. « Dans le Volga et dans le Jaïck , rapporte le célèbre professeur Pallas , quand le temps où reparaissent les esturgeons est arrivé, on construit, dans certains lieux , une digue composée de pieux assez serrés pour fermer le passage au poisson. Cette digue forme vers le milieu un angle opposé au courant. Au sommet de l'angle est une ouverture qui conduit dans une espèce de chambre, formée avec des filets sur la fin de l'hiver , et avec des claies d'osier pendant l'été. Au-dessus de l'ouverture est une sorte d'échafaud , sur lequel les pêcheurs s'établissent. Le fond de la chambre est, comme l'enceinte , d'osier ou de filet , et peut être levé facilement au niveau de la surface. Dès qu'un esturgeon, en remontant le fleuve, est entré dans la chambre. ceux qui sont placés sur l'échafaud laissent tomber une porte qui lui interdit le retour vers la mer ; ils lèvent alors le fond mobile de la chambre, et s'emparent facilement de leur proie. Pendant le jour . les pêcheurs sont avertis de l'entrée des esturgeons par le mouvement que ceux-ci communiquent à des cordes suspendues à de petits corps flottants ; mais, pendant la nuit, les poissons , en s'agitant, tirent d'autres cordes disposées à cet effet , abattent eux-mêmes derrière eux la porte qui doit les retenir prisonniers, en même temps qu'ils font tinter une cloche dont le son avertit le pêcheur placé en sentinelle.

« Durant l'hiver, c'est avec des crochets que les

Cosaques du Jaïck prennent les esturgeons. On prétend que, pendant l'automne, ces poissons se placent par rangs dans les endroits les plus profonds du fleuve, et qu'ils y passent l'hiver dans une espèce d'engourdissement. Dès que le temps de la pêche est arrivé, c'est-à-dire, vers le 5 ou 4 janvier, on assemble le peuple avec les cérémonies d'usage ; on s'informe des lieux où l'on a remarqué le plus de poissons, et l'on nomme un chef pour maintenir le bon ordre. Les Cosaques se partagent en troupes de cinq ou six personnes, et chacun prépare tous les objets nécessaires à la pêche, c'est-à-dire des crochets très aiguisés et des perches de différentes grandeurs que l'on charge d'un morceau de fer pour les empêcher d'être entraînés par le courant. Chaque homme a, en outre, une petite perche à crochet pour tirer le poisson sur la glace quand il est pris.

« Le jour de l'ouverture de la pêche, tous les pêcheurs se rassemblent en traîneaux avec leurs ustensiles, avant le lever du soleil, dans un lieu désigné d'avance, et ils se rangent en ligne à mesure qu'ils arrivent. Le chef de la pêche les passe en revue, et, dès que le soleil paraît, donne le signal du départ : aussitôt chacun s'empresse d'arriver au grand galop vers le lieu marqué pour la pêche, afin de prendre le poste le plus avantageux. Cependant personne n'ose commencer avant que tout le monde ne soit arrivé à sa place, et que la glace ne soit rompue par ordre du chef qui donne le signal par une décharge de mousqueterie.

« Le fleuve est partagé en deux parties : l'une est destinée aux pêches du printemps et de l'automne, l'autre à celles de l'hiver. Dans la partie déterminée par la saison, on pêche d'abord pendant un jour seulement, afin de donner le temps aux Cosaques pauvres d'acheter les fourrages et tous les objets dont ils ont besoin avec le produit de cette première pêche. Cinq ou six jours après, on entreprend la grande pêche, qui dure ordinairement neuf jours. On fixe chaque jour la distance jusqu'où la pêche doit s'étendre.

« Chaque Cosaque, dans l'endroit où il s'est proposé de pêcher, fait une ouverture ronde dans la glace ; il dirige son crochet de manière à ce que la pointe soit toujours tournée contre le courant, et le descend jusqu'au fond. Aussitôt que les gros poissons rencontrent le crochet, ils le font baisser ; le Cosaque le relève promptement, et saisit le poisson avec son crochet court, afin de l'attirer sur la glace ; il peut ainsi prendre sept à huit grands esturgeons par jour.

« Les pêcheurs d'Astrakan se servent, pour la même pêche, d'un filet ou sac de deux brasses de longueur, et de deux aunes de largeur seulement. Lorsque la rigueur de l'hiver commence à se faire sentir, on défend toute espèce de pêche dans les endroits où l'on a remarqué des trous habités par de grands esturgeons, et on place des sentinelles pour empêcher que le poisson ne soit troublé. En même temps on fixe une époque pour la pêche, qui a lieu ordinairement au commencement de novembre, alors que le poisson remonte et descend plus souvent. On rassemble les pêcheurs avec leurs instruments, et ils se rendent sur la rive du fleuve dans le plus profond silence. Quand les filets sont

préparés , un coup de fusil donne le signal du départ : trois cents bateaux s'élancent à la fois , les
filets tombent , et en même temps de grands cris
retentissent dans les airs. Les poissons effrayés
cherchent à échapper , mais ils tombent pour la
plupart dans les filets. »

Le genre des squales , poissons cartilagineux ,
couverts d'une peau rude et épaisse , d'un aspect
sinistre et d'un naturel féroce , renferme les plus
terribles habitants des mers. S'ils sont privés de la
vessie natatoire qui est si précieuse à la plupart
des poissons , leur queue, en revanche, est douée
d'une force prodigieuse, et ses mouvements rapides
transportent en un instant l'animal du fond des
mers à la surface. Quel est le poisson plus agile ,
plus infatigable et en même temps plus féroce que
le plus célèbre des squales, le Requin ?

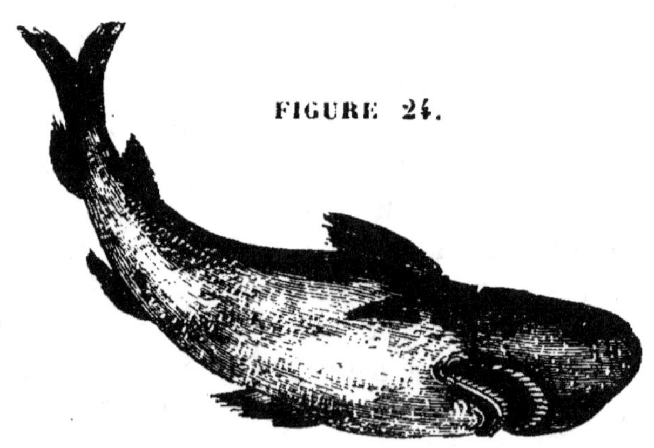

FIGURE 24.

Squale ou Requin.

« Ce formidable animal , dit Lacépède , parvient

« jusqu'à une longueur de plus de dix mètres , et
« pèse quelquefois près de mille livres. Mais la
« grandeur n'est pas son seul attribut ; il a reçu
« aussi la force et des armes meurtrières ; cruel
« autant que vorace, impétueux dans ses mouve-
« ments, avide de sang et insatiable de proie, il
« est véritablement le tigre de la mer. Recherchant
« sans crainte tout ennemi, poursuivant avec plus
« d'obstination, attaquant avec plus de rage,
« combattant avec plus d'acharnement que les au-
« tres habitants des eaux ; plus dangereux que
« plusieurs cétacés qui presque toujours sont moins
« puissants que lui ; inspirant même plus d'effroi
« que les baleines qui, moins bien armées et
« douées d'appétit bien différent, ne provoquent
« presque jamais l'homme ni les grands animaux ;
« rapide dans sa course, répandu sous tous les
« climats, ayant envahi pour ainsi dire toutes les
« mers ; paraissant souvent au milieu des tem-
« pêtes ; aperçu facilement par l'éclat phosphori-
« que dont il brille, au milieu des ombres de la
« nuit la plus orageuse ; menaçant de sa gueule
« énorme et dévorante les infortunés navigateurs
« exposés aux horreurs du naufrage, leur fermant
« toute voie de salut, leur montrant en quelque
« sorte leur tombe ouverte, et plaçant sous leurs
« yeux le signal de la destruction, il n'est pas sur-
« prenant qu'il ait reçu le nom funèbre qu'il porte,
« et qui, réveillant toutes idées lugubres, rappelle
« surtout la mort dont il est le ministre. Requin
« est en effet une corruption de *requiem* qui dé-
« signe la mort et le repos éternel, et qui doit être
« pour des passagers effrayés l'expression de leur

« consternation, à la vue d'un squale de plus de
« trente pieds de longueur, et des victimes déchi-
« rées ou englouties par ce tyran des ondes. Ter-
« rible encore lorsqu'on a pu parvenir à l'accabler
« de chaînes, se débattant avec violence au milieu
« de ses liens, conservant une grande puissance
« lors même qu'il est déjà tout baigné dans son
« sang, et pouvant d'un seul coup de sa queue
« répandre le ravage autour de lui, à l'instant
« même où il est près d'expirer, n'est-il pas le plus
« formidable des animaux qui n'aient pas reçu en
« partage des armes empoisonnées? Le tigre le plus
« furieux au milieu des sables brûlants, le croco-
« dile le plus fort sur les rivages de l'équateur, le
« serpent le plus démesuré dans les solitudes afri-
« caines, doivent-ils inspirer autant d'effroi qu'un
« énorme requin au milieu des vagues agitées? »

Créé pour une œuvre de destruction et de mort,
le requin est muni de tous les organes les plus
propres à augmenter sa puissance. Sa peau est
assez dure pour le garantir de la morsure de plusieurs animaux dont les dents pour tout autre seraient meurtrières, et l'acier de nos sabres frappe
souvent sans entamer cette impénétrable enveloppe. L'odorat du requin est d'une finesse extrême et lui permet de reconnaître de loin sa proie
au milieu des abîmes les plus sombres de l'Océan.
Ce sont les objets les plus odorants sur lesquels il
se jette avec plus d'avidité, comme les animaux
revêtus des plus vives couleurs attirent plus que
tous les autres les attaques des oiseaux de proie,
guidés par leur perçant regard. Voilà pourquoi les
nègres, dont le corps répand de plus fortes éma-

nations que celui des blancs, sont plus souvent victimes de la férocité des requins, et que lorsqu'ils se baignent ensemble, ils sont toujours saisis de préférence par les squales furieux.

L'arme la plus formidable du requin est sa gueule d'une dimension énorme, et capable d'engloutir un homme tout entier. Elle est garnie de plusieurs rangées de dents dont le nombre augmente avec l'âge de l'animal. Le requin très jeune n'en a qu'un seul rang. C'est alors que plusieurs autres poissons peuvent lui faire la guerre, et détruire ce monstre alors qu'il n'est pas encore invincible; mais bientôt ces dents, plates, triangulaires et aiguës, se multiplient prodigieusement, et quand l'animal a acquis tout son développement, sa gueule ouverte offre l'effrayant spectacle de six rangées de dents fortes et découpées prêtes à déchirer d'un seul coup la malheureuse victime qu'elles pourront saisir. Ce qui augmente encore la puissance de ce terrible appareil, c'est que ces dents, au lieu d'être fixées invariablement dans des cavités solides, sont attachées à des membranes mobiles qui permettent au requin de les redresser, de les incliner à volonté; ainsi le requin peut en employer quelques unes seulement, quand toutes ne lui sont pas nécessaires, ainsi, dans les chocs violents qu'il leur donne souvent en saisissant sa proie, il ne craint jamais de les briser; la dent cède si le corps qu'elle attaque résiste, et l'animal sort impunément d'une lutte qui eût pu devenir fatale à un être moins heureusement organisé.

Tout dans le requin semble destiné à autoriser sa voracité et sa rage : les sucs qui inondent son

estomac lui donnent une force digestive extrême;
on trouve ordinairement dans ses viscères une
multitude de petits vers et de tænias qui se nourrissent aux dépens de la proie qu'il avale, et ainsi
s'augmente encore la violence de son appétit. Le
requin est donc sans cesse occupé à dévorer et à
détruire; et c'est là, ne craignons pas de le dire,
l'intention du Créateur; il a donné au requin,
comme à tous les animaux féroces, une tâche utile,
nécessaire : des myriades d'animaux subsistent dans
les mers, leur vie est assez courte, et cependant,
malgré la mortalité fréquente qui doit régner
parmi eux, on voit bien rarement leurs cadavres
flotter et se corrompre à la surface des flots ; c'est
que la Providence n'a pas destiné ces êtres, faits
pour remplir un rôle actif dans la nature, à périr
lentement après avoir traîné une longue et inutile
vieillesse. L'homme, qui avant tout est un être
doué d'intelligence, tient une place aussi importante en ce monde au déclin de ses jours qu'au
printemps de sa vie : son âme, toujours aussi précieuse aux yeux de Dieu, est capable encore de mé-
rites et de vertus ; mais les êtres qui ne sont que
matière doivent disparaître quand la vie maté-
rielle n'a plus pour eux ni utilité ni jouissance ;
une prompte mort est le dernier bienfait qui leur
soit réservé, et le Créateur qui les livre à la dent
meurtrière d'animaux plus jeunes et plus forts est
sans doute plus indulgent pour eux que s'il avait
confié aux maladies le soin de les détruire après
une longue et pénible agonie.

Le requin semble particulièrement avide de la
chair de l'homme, et il suit les bâtiments avec

une constance étrange pour dévorer les cadavres que l'on jette à la mer. Les vaisseaux négriers, où les mauvais traitements, la fatigue et la faim font périr un grand nombre des malheureux que, malgré les lois de Dieu et des hommes, on y transporte encore, sont ordinairement entourés de plusieurs squales qui se disputent les corps des nègres dont la mort a terminé les misères. Tel est leur acharnement pour s'emparer de cette proie, qu'on a vu un requin s'élancer à plusieurs reprises vers un cadavre suspendu au bout d'une vergue à plus de vingt pieds au-dessus de l'eau, l'atteindre enfin dans ses bonds puissants, et le dépécer sans crainte, membre à membre, en présence de tout l'équipage.

Mais, malgré leur voracité, les requins, quelque nombreux qu'ils soient, ne sauraient dépeupler les mers. Les animaux qu'il attaque ne peuvent lui résister ; un grand nombre du moins ont la ressource de la fuite, et ils s'échappent souvent à la faveur de l'évolution incommode que le requin est obligé de faire pour engloutir sa proie. Afin de limiter ses dévastations, le divin auteur de la nature a placé la gueule formidable du squale au-dessous du museau dans une position telle qu'il a besoin de se retourner complètement pour en faire usage. Un grand nombre de poissons s'élancent hors de sa portée pendant l'instant de salut que la Providence leur ménage. Il est arrivé même à des marins surpris dans l'eau par un requin d'éviter sa dent meurtrière. On dit que des nègres sur les côtes d'Afrique sont assez hardis pour aller à la nage au-devant d'un requin, le provoquer eux-mêmes, et au moment où il se retourne lui fendre, avec une arme tranchante, le ventre, qui est la seule partie vulnérable de son corps. Le moyen ordinaire de prendre les requins est moins périlleux et plus sûr, c'est la voracité de l'animal qui cause sa perte. On profite d'un temps calme, pendant lequel les requins aiment à nager à la surface de l'eau, et s'ébattent autour des navires. On prépare un énorme crochet de fer attaché à une chaîne très forte, et on le garnit d'une pièce de lard que l'on fait flotter sur l'eau : quelquefois le requin déjà rassasié s'approche lentement et examine cet appât, comme s'il lui était suspect, le saisit, et sentant le crochet de fer qui pénètre dans ses chairs, dégage sa gueule à demi ensanglantée : mais alors on retire l'appât hors de l'eau, et on l'agite à quelques pieds au-dessus de la surface. A cette vue le requin, craignant de perdre une proie qui s'échappe, sent ranimer toute sa voracité; il oublie les blessures qu'elle lui a faites, s'élance, bondit et engloutissant avec fureur l'appât qui s'éloigne, fait pénétrer le fer acéré jusqu'au fond de ses entrailles; en vain il veut se replonger dans les abîmes de l'Océan, en vain il s'efforce de briser la chaîne qui le retient ou d'arracher le crochet qui le déchire; son sang coule à torrents, ses forces s'épuisent : on peut alors le soulever à demi et engager son corps dans des nœuds coulants que l'on serre avec force, surtout vers l'origine de la queue. On le tire alors à bord du bâtiment ou vers le rivage; mais il faut prendre la plus grande précaution pour achever de lui donner la mort; sa morsure est encore terrible, et les mouvements de sa queue pourraient renverser sans vie l'imprudent qui, trompé par son immobilité, oserait s'approcher du squale expirant.

Le requin n'est pas le seul squale qui exerce son empire et ses ravages dans les mers ; le Marteau et la Scie sont comme lui célèbres par leurs forces, leur voracité, et présentent chacun un caractère tout à fait particulier. Le marteau doit son nom à la conformation singulière de sa tête, étendue de chaque côté de manière à représenter un marteau dont le corps serait le manche. La bouche s'ouvre au-dessous de la tête, près de l'endroit où le tronc commence : les yeux sont situés chacun à un bout de ce marteau : d'une brillante couleur d'or, ils deviennent rouges et sanglants quand l'animal irrité s'élance sur sa proie, ou combat quelque ennemi. Le squale-scie porte à l'extrémité du museau une lame longue, mince, mais dure et solide, garnie de chaque côté d'un grand nombre de dents blanches comme l'ivoire et qui donnent à cette lame redoutable l'apparence d'une scie.

Avec cette arme le squale ne redoute aucun danger. Quoiqu'il n'atteigne guère plus de quinze pieds de long, il ose attaquer les baleines les plus monstrueuses ; jamais il ne rencontre un de ces cétacés sans lui livrer un combat acharné. Réunissant l'agilité à la force, il bondit autour de la lourde masse de son ennemie, lui plonge dans le corps sa lame dentelée, en évitant par ses mouvements rapides les coups de queue de la baleine, dont un seul lui donnerait la mort. En vain la baleine redouble ses efforts, elle s'épuise dans la

FIGURE 25.

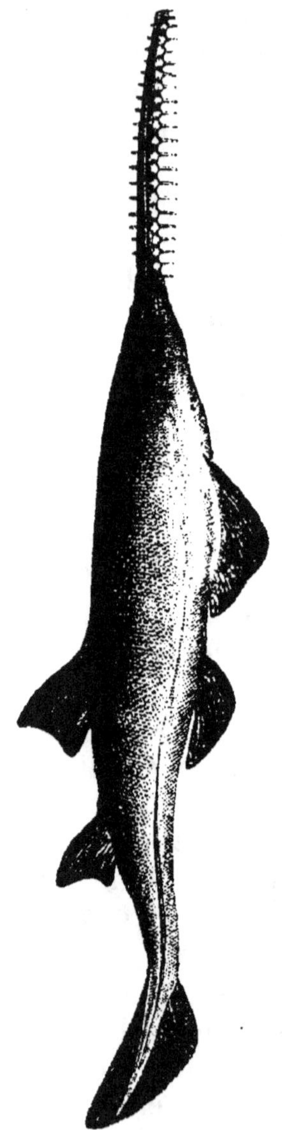

Le Squale scie

lutte, et prend la fuite; quelquefois elle perd la vie avec son sang avant d'avoir pu atteindre une seule fois le squale triomphant.

A côté de ces squales, formidables aux plus puissants habitants des mers, on voit très souvent de petits poissons, d'un pied de long à peine, nager sans crainte, chercher leur proie près de ces animaux qui les anéantiraient d'un coup de queue, les engloutiraient par centaines dans leur gueule immense. Depuis longtemps les matelots ont remarqué ces hardis compagnons des requins. Ne sachant comment expliquer le succès de son inconcevable audace, ils ont publié que ce petit poisson allait au-devant des requins à la découverte, lui cherchaient des aliments, et venaient l'avertir quand ils avaient trouvé quelque proie, se chargeaient même de le conduire, et en récompense de leurs bons services, recevaient du squale une part du butin, qu'ils mangeaient sous sa protection : aussi lui donnèrent-ils le nom de pilote ou de conducteur. Malheureusement des observations positives ont démontré que cette explication n'était qu'une fable. Nul animal ne trouve grâce auprès du féroce requin, et le pilote lui-même serait bientôt sacrifié, s'il s'approchait, comme on le dit, sans précaution du dévastateur des mers. Mais la Providence, qui lui a donné l'instinct de suivre les vaisseaux comme le requin lui-même, et de chercher sa nourriture parmi les débris qui tombent à chaque instant de ces flottantes habitations des hommes, ne l'a pas exposé à se trouver sans défense aucune près d'un ennemi qui jamais n'épargne les faibles. Si le pilote ose approcher le requin, c'est qu'il se fie dans l'exiguité de sa taille, et dans sa prodigieuse légèreté, qui lui permet de se mettre en un clin d'œil hors de toute atteinte ; si le requin le poursuit rarement, c'est que déjà il a cherché plusieurs fois à l'atteindre et que l'inutilité de ses tentatives lui a appris à reconnaître l'agilité supérieure de son compagnon de voyage. Ces deux poissons, attirés par les mêmes goûts, auprès du même navire, chassent chacun pour leur compte, et il n'est pas étonnant que le pilote, si petit à côté du requin, puisse, sans être même aperçu, saisir à la dérobée les restes de son repas ; il suffit de les observer quelque temps pour se convaincre qu'il règne entre eux fort peu d'harmonie : qu'on vienne à jeter quelque aliment du vaisseau, le pilote s'élance et s'apprête à en saisir au moins une parcelle, mais l'onde a frémi autour de lui. C'est le requin qui, lui-même, a aperçu cette proie, et qui, furieux de trouver un rival, fond sur lui pour lui faire payer cher sa témérité ; mais nous savons que le requin ne peut faire usage de sa terrible mâchoire sans se retourner à demi : le pilote saisit cet instant de salut, et d'un élan rapide, il plonge au fond des mers, attendant une occasion meilleure. Le squale s'acharnerait en vain à la poursuite de cet insaisissable ennemi, aussi jamais il ne le trouble dans sa fuite, et quelques instants après, le pilote a reparu près du navire, fort peu troublé d'une attaque dont jamais il n'est victime.

Pendant les longues traversées, la pêche du pilote, dont la chair est fort bonne à manger, est l'un des amusements favoris des matelots. Il est fort curieux,

en effet, de voir ce rusé petit animal, qui découvre
fort bien l'hameçon sous l'appât qui l'entoure, aller
et venir; retenu par la crainte, poussé par son avidité, il s'approche, recule, tourne, retourne,
emploie mille précautions pour saisir l'amorce sans
être atteint par le fer meurtrier; souvent il parvient
à l'enlever avec une adresse extraordinaire, et l'emporte triomphant loin du pêcheur désappointé, qui
ne réussit ordinairement à le prendre qu'après
bien des essais infructueux.

Parmi les poissons communs dans nos marchés,
la Raie tient une place importante, tandis que tous
les poissons doivent être mangés aussi frais que
possible, la chair naturellement dure de la raie ne
commence à acquérir sa saveur agréable que lorsqu'elle a été transportée hors de l'eau depuis quelques jours. N'est-ce pas un poisson précieux, que
celui qui peut se garder assez longtemps sans s'al-
térer, et qui acquiert de telles dimensions, qu'un
seul suffit quelquefois pour rassasier cent personnes?

La raie la plus grande, connue sous le nom de
raie blanche ou cendrée, habite presque toutes les
mers. Elle se tient ordinairement au fond de l'eau.
Comme la sole, la limande, elle a le corps aplati,
à peu près de la couleur du sol sur lequel elle
s'applique de telle sorte, que, malgré sa grande
taille, il est fort difficile de la distinguer quand
elle ne fait aucun mouvement; c'est ainsi qu'elle se
tient ordinairement en embuscade, attendant les
crustacés et les poissons dont elle se nourrit; mais
parfois son attente est vaine, nulle proie ne se présente; alors, la raie, pressée par la faim, quitte
sa retraite, s'élance au milieu des flots, et déploie

soudain une force et une puissance que l'on n'aurait pas soupçonnée.

C'est principalement dans la saison des tempêtes qu'elle quitte le fond des eaux, et vient lutter avec les vagues en furie. On voit alors son large corps planer dans l'élément humide, comme l'oiseau dans les airs ; sa manière de nager ressemble au vol d'un rapace, et par sa rapidité et par la position que prennent ses nageoires ; sa queue longue, souple, vigoureuse, frappe l'eau avec violence, dirige, retient, tourne et retourne l'animal qui la meut avec une facilité et une vitesse prodigieuses ; les coups de cette queue armée d'aiguillons sont funestes à la plupart des ennemis de la raie ; elle peut encore, en la repliant comme celle d'un serpent, enlever sa proie et l'entraîner avec elle au fond des mers. La raie veut-elle se précipiter sur quelque poisson qui passe au-dessous d'elle, semblable à l'oiseau de proie qui fond sur sa victime, le poisson s'élance, élève son large corps au-dessus de la surface de l'eau, se retourne rapidement, retombe perpendiculairement, et faisant mouvoir sa queue avec énergie, plonge comme un trait jusqu'au poisson surpris, qu'elle saisit et dévore sans qu'il puisse ni fuir ni se défendre. Il n'y a guère que les squales et les plus grands poissons qui osent l'attaquer et qui sortent vainqueurs de la lutte.

Un poisson semblable à la raie cendrée, mais beaucoup moins grand et moins fort, est cependant bien plus redouté encore ; le requin lui-même ne le saisirait pas impunément, et le pêcheur portant imprudemment la main sur elle, s'est plus d'une fois repenti de son audace. Ce poisson est la

Torpille, qui jouit de la faculté étrange d'accumuler et de faire jaillir de son corps ce même feu élec-

FIGURE 26.

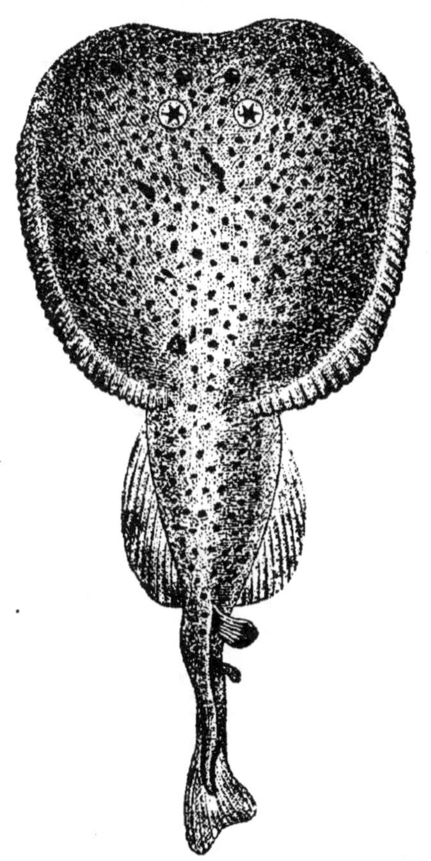

La Torpille.

trique que le physicien excite dans son laboratoire, et qui se manifeste d'une manière si terrible dans

12.

la région des orages. La torpille, saisie vivante, imprime une commotion violente au bras le plus robuste, et le jette dans une paralysie momentanée ; l'animal le plus vigoureux, s'élançant sur elle, est frappé de stupeur ; la proie qu'elle a touchée à peine, s'arrête immobile, et fait de vains efforts pour fuir ; la torpille a réellement reçu pour sa défense ce terrible privilége que la fable attribuait à la tête de Méduse.

La torpille ordinaire est commune dans la Méditerranée ; les pêcheurs qui la prennent dans leurs filets évitent avec grand soin son action paralysante, depuis longtemps reconnue. Le fluide électrique que ce poisson dégage, se prépare dans un véritable appareil galvanique, qui a été étudié avec grand soin ; plusieurs expériences en ont constaté la nature : nous rapporterons l'une des plus célèbres, faite par le savant anglais Walsh.

On posa une torpille vivante sur une serviette mouillée, et l'on suspendit au plancher, avec des cordons de soie, mauvais conducteurs de l'électricité (voir la *Physique générale*), deux fils de laiton qui, au contraire, conduisent très bien ce fluide. Auprès de la torpille étaient huit personnes isolées, c'est-à-dire séparées de toute substance qui pût conduire l'électricité, au moyen de tabourets élevés sur des pieds mauvais conducteurs. Le bout d'un des fils de laiton était appuyé sur la serviette mouillée qui soutenait la torpille, et l'autre bout aboutissait dans un premier bassin plein d'eau, où la première personne plongeait sa main ; les huit personnes communiquaient entre elles au moyen de l'eau contenue dans neuf bassins, dont le dernier recevait un bout du second fil de laiton, on fit toucher l'autre bout de ce fil métallique au dos de la torpille ; il y eut ainsi un cercle conducteur de plusieurs pieds de contour. Aussitôt il se manifesta une action pareille à celle que produit, dans les mêmes circonstances, une machine électrique, et chacune des huit personnes reçut une légère commotion. La torpille pourrait faire éprouver quarante ou cinquante commotions, dans l'espace d'une minute et demie ; ainsi, tandis qu'il nous faut un certain temps pour dégager, avec nos machines, une quantité d'électricité notable, la torpille peut recharger à l'instant les milliers de tubes qui composent sa batterie électrique ; la Providence ne la laisse jamais dépourvue du seul moyen de défense qu'elle lui ait donné.

Voilà des effets merveilleux sans doute, et cependant ils ne sont rien encore à côté des phénomènes que révèle l'étude d'un poisson américain, le Gymnonote électrique. Si sa forme et son organisation l'éloignent de la torpille (le gymnonote est un poisson osseux), cependant nous n'avons pu l'en séparer, à cause du rapport frappant qui les unit. Le gymnonote est à peu près de la forme d'une anguille ; il atteint en général la taille de cinq à six pieds, et alors la circonférence de son corps est de douze à quatorze pouces. Cette espèce est fort répandue dans les eaux douces de l'Amérique méridionale, surtout dans les petits ruisseaux, dans les mares et dans les savanes inondées. Bien plus redoutable que la torpille, le gymnonote peut frapper d'une commotion terrible l'homme et les plus grands animaux ; doué en même temps d'instruments de natation très énergiques, il se jette sur sa victime abattue avec la rapidité de l'éclair, en apparaissant tout à coup au moment où on le croyait fort éloigné, et donne la mort à l'animal qui traversait avec sécurité l'onde qu'il habite. Les qualités électriques de la torpille s'affaiblissent avec les forces de l'animal, et s'éteignent à sa mort ; le gymnonote peut encore être dangereux quelque temps après avoir perdu la vie.

Ces poissons sont rassemblés en immense quantité dans certains endroits. Leur voisinage est un véritable fléau ; une route très fréquentée a été abandonnée, parce qu'elle était traversée par un ruisseau habité par des gymnonotes, et que les mulets et les chevaux, étourdis au passage par une commotion violente, tombaient dans le courant, et se noyaient sans avoir pu faire d'efforts pour s'en retirer.

La commotion que fait éprouver le gymnonote est aussi violente que celles qui sont produites par une grande bouteille de Leyde chargée ; aussi est-il fort dangereux de nager dans les eaux qu'il fréquente : un homme dont le poisson électrique attaque le bras ou la jambe, est frappé d'une paralysie qui peut lui ôter pendant plusieurs minutes l'usage de ces membres. Le célèbre naturaliste M. de Humboldt, ayant mis ses deux pieds sur un gymnonote qu'on venait de tirer de l'eau, ressentit une secousse effrayante qui fut suivie, pendant tout le reste du jour, de douleurs aiguës dans toutes les articulations.

Le gymnonote peut à son gré augmenter ou diminuer la force de la décharge électrique. Ce fluide se répand comme à l'ordinaire autour de lui par les corps bons conducteurs, c'est ainsi que l'on explique comment, à travers une grande masse d'eau, il peut frapper l'animal qu'il ne saurait toucher, et foudroyer, à quinze pieds de distance, les poissons de petite taille. La machine électrique du gymnonote, comme les machines ordinaires, se décharge à mesure que l'animal en fait usage ; après avoir frappé plusieurs coups, d'une extrême énergie quand il est en colère, il sent sa puissance s'affaiblir ; peu à peu il s'épuise même totalement, et alors il lui faut quelque temps de repos pour réparer ses pertes. C'est dans ces moments que l'on profite de la faiblesse du gymnonote pour le prendre sans danger. Quelquefois les pêcheurs américains font entrer de force des chevaux sauvages dans les étangs qu'habitent les gymnonotes ; ces poissons, étonnés du trouble que l'arrivée de ces turbulents voisins jette dans leurs demeures, font agir aussitôt leurs batteries avec toute la force possible. Les chevaux qui reçoivent ces premières décharges, tombent étourdis et disparaissent sous les eaux, mais les pêcheurs s'approchent à la hâte, et saisissent les gymnonotes impuissants avec des filets, ou en les perçant avec des harpons ; alors des chevaux peuvent traverser le lieu si funeste à ceux qui les ont précédés, et n'éprouvent aucun accident. N'est-il pas étrange, après cela, que des nègres puissent toucher des gymnonotes, au moment où ils agissent avec une violence irrésistible. Les enchantements auxquels ils attribuent ce phénomène ne consistent sans doute que dans l'emploi d'un corps non conducteur de l'électricité que ces hom-

mes placent adroitement entre leur peau et celle
de l'animal. Quoi qu'il en soit, le gymnonote fait,
comme nous l'avons dit, l'office d'une véritable
machine électrique, et des étincelles, faibles mais
appréciables, manifestent la décharge, comme on
s'en est assuré positivement, en faisant l'expérience
dans un endroit inaccessible aux rayons du jour.

Nous avons vu les traits les plus remarquables
de l'histoire des poissons ; nous avons vu se dé-
ployer, dans ce vaste théâtre des mers, les forces
prodigieuses des squales, les ruses des faibles habitants de l'onde, l'énergie foudroyante de quelques êtres privilégiés ; nous avons suivi la marche
de ces légions innombrables que la Providence a
créées pour fournir à l'homme une nourriture qui
ne s'épuise jamais ; nous avons admiré avec quelle
profusion le Créateur sème les éclatantes pierreries
sur le vêtement de ces hôtes légers des ondes ; de
nouvelles merveilles sans doute pourraient se dérou-
ler longtemps à nos regards, dans cette seule classe
d'animaux dont la vie, au premier aspect, semble ne
devoir offrir qu'une fatigante monotonie ; nous pourrions admirer encore de nouvelles ruses, de nouvelles armes, de nouvelles parures ; car quelle est la
moindre partie de ce grand tableau de la nature
dont l'œil humain ait jamais pu embrasser tous les
détails ? Nous en avons vu assez du moins pour
nous convaincre qu'il n'est si profond abîme dans
le monde qu'un rayon divin ne pénètre et n'anime,
qu'il n'est être si caché que la bonté du Créateur
ne visite dans sa retraite ; nous avons pu surtout
reconnaître combien la Providence, qui a tant de
soin du moindre des animaux, est bien plus tendre,

plus attentive encore pour cet être qu'elle a mis à la tête de la création, cet être aux pieds duquel elle amène tous les êtres, l'homme, ce roi de la terre qui, malheureusement, en profitant des dons du Créateur, songe si peu, la plupart du temps, à lever un regard de reconnaissance vers son divin bienfaiteur.

FIN.

NOUVEAU SPECTACLE

DE LA NATURE

Dix Volumes grand in-18

ORNÉS DE 300 VIGNETTES GRAVÉES PAR PORRET

TITRES DES OUVRAGES

1   L'HOMME. . . . . 1 vol.
2   PHYSIQUE DU GLOBE. . . 1 vol.
3   ASTRONOMIE. . . . . . . 1 vol.
4   GÉOLOGIE. . . . . 1 vol.
5   MAMMIFÈRES. . . . . 1 vol.
6   INSECTES. . . . . 1 vol.
7   OISEAUX. . . . . 1 vol.
8   BOTANIQUE. . . . . . . 1 vol.
9   MOLLUSQUES. . . . . . 1 vol.
10 REPTILES ET POISSONS. . 1 vol

Chaque volume se vend séparément.

Imprimerie de H. Fournier et Comp., rue de Seine, 14.